农业移栽机器人技术及应用

金　鑫　李明勇　著

机械工业出版社

农机是现代农业生产力的重要组成部分，而具有信息感知、识别决策与控制执行的系统性农业机器人则一直是智能农机装备领域的研究热点。本书面向机械化种植领域，系统性地介绍了农业移栽机器人技术及应用，主要内容包括移栽机器人作业对象感知、目标识别与决策、动作精准调控等主要理论和方法，内容翔实，通俗易懂。期望本书能够较好地促进国内农业移栽机器人的研究普及和应用落地。

本书既适合农业工程相关专业的高年级本科生或研究生使用，也可供相关领域的工程技术人员阅读参考。

图书在版编目（CIP）数据

农业移栽机器人技术及应用 / 金鑫, 李明勇著.

北京：机械工业出版社，2025. 1（2025.4重印）. -- ISBN 978-7-111 -76892-0

Ⅰ. S24；TP242. 3

中国国家版本馆 CIP 数据核字第 20240XD199 号

机械工业出版社（北京市百万庄大街22号　邮政编码100037）

策划编辑：高　伟　周晓伟　　责任编辑：高　伟　周晓伟　关晓飞

责任校对：王荣庆　刘雅娜　　责任印制：单爱军

北京虎彩文化传播有限公司印刷

2025年4月第1版第2次印刷

184mm×260mm・12印张・295千字

标准书号：ISBN 978-7-111-76892-0

定价：59.80 元

电话服务　　　　　　　　　网络服务

客服电话：010-88361066　　机　工　官　网：www.cmpbook.com

　　　　　010-88379833　　机　工　官　博：weibo.com/cmp1952

　　　　　010-68326294　　金　书　网：www.golden-book.com

封底无防伪标均为盗版　　机工教育服务网：www.cmpedu.com

前　言

应用前沿的科学技术装备农业，大力发展农业新质生产力，保障粮食安全，筑牢农业发展根基，推进农业现代化，功在当代，利在千秋。当前在粮食安全和农业强国战略政策助推下，我国的农业机械正在向智能化装备转型，加速了人工智能技术、物联网技术、机器视觉技术等在农业机器人上的发展应用进程。

在智慧农业进程的推动下，高效、可靠的农业生产自动控制系统以及具备状态感知调控能力的智能农机装备的兴起与发展，引发了新型智能化技术对传统农业机械的变革，农业机器人成为现代农业生产的新质生产力。农业移栽机器人是面向作物种植环节的作业装备，当前农业移栽机械虽能够完成机械化取苗、植苗等移栽动作，但其关键机构不具备感知与调控的能力，作业效果大多粗犷。而移栽是一项涉及种苗生命体的精细作业过程，涉及物料互作、动作调控、栽植质量反馈等过程，粗犷的农业机械作业效果已经不能够满足现代农业生产需要。因此，针对运用智能化技术研发具备信息感知、决策控制和动作精细执行的农业移栽机器人的需求显得极为迫切。

本书是作者在多年教学实践的基础上，结合现有的教学讲义和最新科研实践编写而成的。书中融入了作者团队多年来大量的科研工作成果，在内容安排上以农业移栽机器人的关键技术及理论为基础，结合智能化移栽技术的最新发展，以应用为核心，面向大田、设施、植物工厂等典型农业生产场景，重点介绍了农业移栽机器人的系统构成和工程实现方法，体现了理论和实践并重的宗旨。全书共7章，主要介绍了农业移栽机器人的基本原理、关键技术及典型应用。其中，第1、第3、第4、第6章由金鑫教授著写，第2、第5、第7章由李明勇博士著写。

感谢国家重点研发计划课题（2022YFD2001205；2023YFD2000603）、龙门实验室风口产业项目（LMFKCY2023002）和河南省高校科技创新团队项目（23IRTSTHN015）对本书涉及的科研内容提供的资助。感谢作者团队的研究生赵国庆、李少凡、张龙和侯一博等为本书内容提供的帮助。

由于著者水平有限，书中难免有错误和不足之处，敬请各位读者提出宝贵意见，以便重印时修正。

著　者

目 录

第 1 章

绪 论

1.1 农业机器人的起源与发展

1920 年，捷克斯洛伐克剧作家卡雷尔·恰佩克在他的科幻戏剧《罗素姆的万能机器人》中首次提出了"机器人"一词，被认为是该词的起源。恰佩克将斯洛伐克语中的"Robota"解释为奴役或劳役，剧中描绘了机器人无感情、机械地执行主人命令的形象。

20 世纪 80 年代初，美国通用汽车公司为汽车装配生产线上的工业机器人装备了视觉系统，于是具有基本感知功能的第二代机器人诞生了。与第一代机器人相比，第二代机器人不仅在作业效率、保证产品的一致性和互换性等方面性能更加优异，而且具有更强的外界环境感知能力和环境适应性，能完成更复杂的工作任务，因此不再局限于传统的重复简单动作的有限工种的作业。到了 20 世纪 90 年代，计算机技术和人工智能技术的初步发展，让机器人模仿人进行逻辑推理的第三代智能机器人也逐步开展起来。它应用人工智能、模糊控制、神经网络等先进控制方法，在智能计算机控制下，通过多传感器感知机器人本体状态和作业环境状态，在知识库支持下进行推理决断，并对机器人做多变量实时智能控制。进入 21 世纪以来，随着计算机技术、自动控制理论及人工智能等的迅猛发展，机器人从传统的工业制造领域迅速向医疗服务、家庭服务、教育娱乐、智能工厂、现代农业等领域扩展。传统工业机器人作业性能提升的需求，以及其他领域新质生产力的需求，促推着机器人在新时代里发展的新方向、新趋势。

农业机器人的发展与工业机器人的发展密不可分，工业智能机器人技术逐步向农业生产领域渗透。在农业 1.0 到农业 4.0 的发展过程中，农业生产主角经历了从人力到机械化再到自动化的演变。在现代农业中，具有生产自动化特性的农业机器人逐渐成为农业新质生产力的重要组成。

第一阶段：20 世纪 50 年代以前，农业都处于以体力劳动为主的 1.0 时代，生产过程依靠人力、畜力来完成，以使用手工工具、畜力农具为主（图 1-1）。

第二阶段：农业机械化的浪潮席卷而来，拖拉机、联合收割机等现代农业机械装备逐步取代了传统手工工具，它们在农业生产中大放异彩，极大地提升了生产效率，标志着农业正式迈入了 2.0 时代（图 1-2），实现了前所未有的变革与发展。然而，在农业生产的广阔天地中，仍不乏一系列挑战与难题，阻碍着全面机械化的步伐。

图1-1　农业1.0——畜力农具

图1-2　农业2.0——机械化播种装备

第三阶段：随着电子信息技术、物联网、大数据及3S（遥感、地理信息系统和全球定位系统）技术等尖端科技的融合，农业迈入了3.0时代，研究重心转向农机与农艺融合，探索适应机器人作业的栽培新模式（图1-3），该模式深度融合现代智能技术，不仅实时采集空气湿度、光照强度、病虫害等关键环境数据，还依托移动通信技术将数据即时传输至智能决策系统，经精准分析后自动调控，为作物营造最优生长条件，实现农业生产全链条的信息精准感知与智能决策。

第四阶段：迈入21世纪，产业结构与人口结构的深刻变革，正引领农业迈向4.0时代（图1-4），它是一场以科技为引擎的绿色农业革命。未来的农业图景中，农业机器人将成为核心驱动力，不仅重塑农业生产，使之更加高效、安全且环保，还催生新一代智能、灵活、稳健、兼收并蓄、高度互联的机器人与自动化系统。这些高科技伙伴将在农场与食品工厂中与人类并肩作战，共同推动农业的可持续集约化发展，为全球的粮食安全构筑坚实的基石。

图1-3　农业3.0——智能采摘装备

图1-4　农业4.0——新能源无人拖拉机

相较于工业环境中稳定运作的工业机器人，农业机器人领域展现出显著的多元化特征，既涵盖了专注于特定农田作业与作物管理的专项机器人，也包括了能够跨越多个农业领域执行多样化任务的通用型平台，两者均不可或缺地推动着农业现代化进程。面对农业生产中纷繁复杂的任务需求——从精细的播种、移栽、精准采摘到广泛的喷洒、套袋等作业，以及针对果实、叶菜、花卉等不同作物的特定需求，加之大田、温室、植物工厂等迥异的作业环境，农业机器人必须具备高度的农机农艺适应性。

1.2 农业移栽机器人的定义

移栽是一项能够提高作物单产的种植农艺，是指将种苗由苗床或穴盘移植到生产环境中的过程。农业移栽机器人是一种专门设计用于农业种苗自动化种植的装备，具备感知和执行功能。随着智能化技术的发展，这种自动化种植装备逐步具备了信息感知、决策技术，能够对作业对象的信息进行感知并结合农艺需求执行关键移栽动作，实现更高效的移栽作业。现代农业中，移栽机器人通常包含感知、控制、执行三大模块。

1. 感知模块

农业移栽过程中，不仅仅需要对作业对象的信息进行感知，以帮助移栽机器人更好地执行移栽动作，同时，移栽机器人的作业工况参数也需要进行感知，以保障机器从事农业生产的作业效果。感知模块是移栽机器人的"眼睛"和"耳朵"，负责收集并处理环境信息。该模块中常用的传感器单元包括视觉传感器、加速度传感器、力学传感器和激光传感器等（图1-5）。视觉传感器能够捕捉移栽区域的图像信息，识别出待移栽的钵苗和移栽目标位置。加速度传感器能够实时监测移栽机关键部件在工作过程中的振动情况，及时发现并预防潜在的机械故障，从而保护移栽机的整体性能和延长其使用寿命。力学传感器则用于监测移栽机械手的取苗力度，实现低损取苗，提高后续钵苗的移栽存活率和移栽作业质量。激光传感器能够精确测量移栽机与目标位置（如土壤表面或预定的移栽点）之间的距离，从而提高移栽的精度和一致性。

a) 视觉传感器 　　　 b) 加速度传感器 　　　 c) 力学传感器 　　　 d) 激光传感器

图1-5　常见的农业物理信息感知器件

2. 控制模块

控制模块是农业移栽机器人的"大脑"，它根据感知模块提供的信息，结合预设的移栽策略和算法，计算出最优的执行规划和动作序列。控制模块通常采用经典的 PID（比例积分微分）控制算法和人工智能技术，如模糊控制、神经网络、深度学习等。在农业移栽生产中，在育苗阶段通常需要对种苗进行挑选与剔补，机械臂控制末端机械手由补苗位到剔补位需要较高的鲁棒性才能完成该过程；在设施移植过程中，移植机械手的最优路径规划与控制也是移栽机器人的关键难题；在移栽阶段，机械手对种苗的点位抓取以及精准投放具有较高的控制需求，以保证移栽动作的时序性和有效性。典型移栽动作控制流程如图1-6所示。

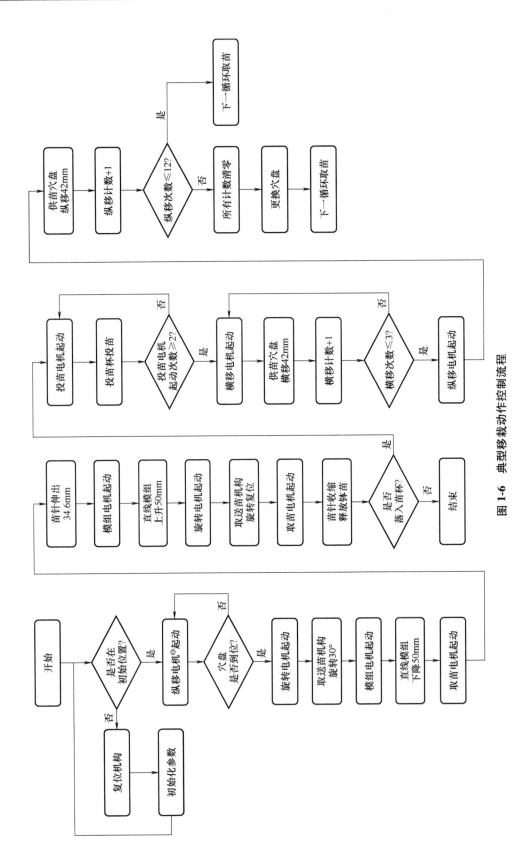

图 1-6 典型移栽动作控制流程

① 本书不涉及发电机，故将电动机简称为电机。

3. 执行模块

执行模块是农业移栽机器人的"手臂"和"腿脚",它根据控制模块的指令,完成实际的移栽操作。执行模块通常包括底盘、机架等关键本体,以及相应的驱动系统和动作机构。底盘是承载关键动作执行机构的装置(图 1-7),底盘行走参数与动作机构执行参数决定着移栽作业的行距、株距等。机架结构与相应的机械驱动臂、末端执行器的组合性能决定着机具作业工况的稳定性。执行模块的设计和制造需要考虑移栽作业的复杂性、环境的多样性以及作业的精准性,以确保移栽机器人能够在各种种植背景下稳定、可靠地完成移栽任务。

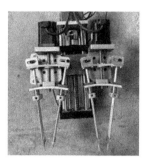

a) 底盘　　　　　　　　　　　b) 末端执行器　　　　　　　　　c) 栽植机构

图 1-7　移栽动作关键执行机构

1.3　农业移栽机器人研究的意义与目的

1.3.1　大田移栽机器人研究的意义

大田是我国主粮、油料等作物的主要生产场景。当前,油菜、玉米等常采用育苗移栽的方式进行种植。然而,育苗移栽属于劳动密集型工作,耗时费力,人工劳动强度大,相比之下,应用移栽机械装备能实现作物早熟、丰产,降低劳动强度,提高劳动生产率,便于田间管理等多重效益。随着移栽生产面积的持续增加与农村劳动力的转移,移栽机械化已成为广大农民的迫切需求。研究表明,在适当的时间段内,采用机械移栽能将劳动强度降低至人工移栽的 30%~40%,工作效率则能提高至 10 倍以上,而成本仅相当于人工移栽的 50%。

随着农业机械化的发展,农艺标准化和宜机化进程加快,机械化移栽装备农机农艺融合性差,机具作业效果粗犷,不能满足现代农业生产要求,农艺农机共融的农业移栽机器人技术逐渐成为研究热点。图 1-8 所示是本团队近年来研发的一款面向丘陵山区的大田种苗移栽机器人,它针对移栽机械执行机构无法感知机器作业状态和作业对象信息的情况,辅以传感器装置,并通过控制模块对感知信息进行决策控制,调整执行机构作业参数与作业状态,进一步贴合大田作业环境特点及农艺模式,提升移栽作业效果。

1.3.2　设施移栽机器人研究的意义

在设施园艺农业生产中,作物的种植主要分为种子直播与育苗移栽两种方式。种子直播是

图 1-8　大田种苗移栽机器人

农业生产中的主要种植方式,该种植方式作业简单、成本低廉,但是种苗出苗率受环境影响较大,成苗质量参差不齐,会直接影响作物的产量。育苗移栽方式采用育苗设备进行标准化播种、集中培育,整体调控生长环境,可提高种苗整体出苗率与生长速度,加快种苗进入生育期速度,提升整体生产效率,但由于其移栽环节工作量大、工艺烦琐,移栽过程不仅需要满足种植动作要求,同时移栽动作还需"会看会挑",即移栽过程中需排除培养盘中的漏栽种苗、病态弱质种苗。因此,只有提高钵苗移栽环节的智能化,才能满足设施移栽机械化的精细作业要求。促推设施育苗移栽可提质增效,对加快我国农业生产现代化进程具有重要的意义。

图 1-9 所示是本团队近年来研发的一款面向设施种苗的分选移栽机器人,该装置能够对设施培育的商品苗进行品质筛选,主要通过机器视觉模块对种苗信息进行感知,判断种苗缺苗、健壮情况,通过感知的信息对执行机构进行抓取定位,实现出厂商品苗中的缺苗、劣质苗的剔补,提升商品种苗出厂质量。

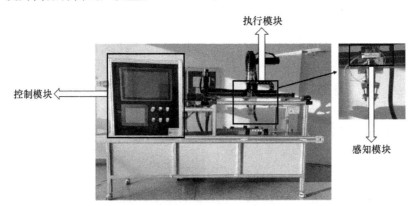

图 1-9　分选移栽机器人

1.3.3　现存问题及发展趋势

当前已有的全自动移栽机已经可以初步实现种苗的全自动移栽作业,包括自动取苗、自动送苗、自动栽植等作业环节,但作业效果仍存在着一些缺陷与不足。

（1）取苗方面　目前现有的取苗机构大多是由刚性材料制成的，取苗方式普遍为夹取钵体式，在取苗时不可避免地会对钵体基质造成一定程度的损伤。目前取苗机构大多采用气缸和电机驱动，由于气缸速度较快且冲击较大，在夹持钵苗进行运送的过程中易发生钵体基质散坨和掉落的情况，而某些电机由于存在精度不高等问题，在输送过程中会发生抖动，这也会导致钵体散坨和掉落。

（2）栽植方面　目前栽植机构大多是从半自动移栽机继承而来的，大部分的移栽机构只靠机械结构来保证栽植时的作业效果（即直立度）。目前很多的栽植机构不具有在栽植时调整直立度的功能，栽植机构从被制造出来的那一刻起其作业效果就只取决于加工的技术与精度以及设计者的专业水平。

取苗机构对钵苗造成损伤的情况与栽植机构栽植时的直立度情况可以通过优化装置的机械结构与材料来进行改善，但是在面对不同的钵苗与不同的工作环境时，同一套装置可能会表现出不同的作业效果。某些装置可能只在特定的工作环境下表现出优良的作业效果，而当工况条件改变时，其作业效果可能会降低甚至变差。如果移栽机能够自主地感知工况环境的变化，并自动调整装置在作业时的状态，那么就可以实现移栽机在作业时的实时调整，以降低钵苗的损伤程度并提高直立度。因此，关键机构"智能+"的解决方案是未来移栽机发展的主要趋势，即以移栽机的机械装置为载体，通过应用各种信息感知传感器并结合智能化检测技术和智能化控制算法来实现全自动移栽机的具备感知—决策—执行功能的系统作业。在该方案中，各种高精度传感器充当着移栽机的"眼"，控制器和智能化控制系统作为移栽机的"脑"，取苗装置与栽植装置则作为移栽机的"手"，动力底盘则成为移栽机的"脚"。通过传感器与智能化检测技术获取工况环境的实时变化并将该信息传递给移栽机的控制器，再通过智能化控制系统与算法使移栽机的"眼""脑""手""脚"协调配合，以达到自动适应不同工况环境的效果。例如，可以在取苗机构的执行末端安装压力传感器用于检测取苗作业时钵苗的损伤程度，从而能够根据检测结果来实时动态地调整取苗机构的夹持力度，从而减少取苗时对钵苗造成的损伤；可以在移栽机上安装机器视觉相机并结合直立度检测算法来检测钵苗的倾斜情况，并根据检测的结果对栽植机构进行动态补偿从而实现直立度的实时调整。

随着农业信息化、智慧农场和"互联网+"等技术的快速发展，农业传感器技术、精细农业技术和物联网技术等综合应用于种植检测、系统决策等环节，提高了资源利用率和工作效率，实现了农机、农艺和农业信息技术的深度融合，有效提高了种植机械的智能化水平。随着信息技术、人工智能技术在农业生产中应用范围的不断扩大，移栽机械的信息化和智能化将有更大的发展空间。未来移栽机器人的开发，包括移栽机的路径规划、自主导航、平衡控制、栽深控制、缺苗漏苗自动补栽等智能感知与决策技术，将使移栽机械向智能化、无人化方向发展，从而降低人工劳动强度，提升作业质量，提高资源利用率。

第 2 章

移栽机器人作业参数感知与识别系统

移栽机器人作业参数感知与识别系统如同移栽机的"眼睛"和"大脑",为作业机具提供了外界环境感知、作业对象识别并做出相应决策的能力。作业参数感知系统集成了多种高精度传感器,包括加速度传感器、力学传感器和激光传感器等。加速度传感器能够实时监测移栽机械手的运动状态及工况,确保移栽动作的平稳与精准;力学传感器用于感知夹持力的大小,防止因夹持过紧或过松而对待移栽种苗造成损伤;激光传感器通过发射激光束并接收反射信号,实现对移栽空间位置的精确测量与定位。机器视觉技术是移栽机器人系统的核心技术之一,它通过摄像头捕捉移栽过程中的图像信息,并利用图像处理、模式识别等方法对图像进行分析与理解,从而实现对作物种类、生长状态和根系发育情况等关键信息的精准识别;通过结合深度学习等先进算法,它还能够不断学习和优化识别模型,从而提高识别的准确性和鲁棒性。

2.1 传感器感知技术

2.1.1 加速度传感器

加速度传感器是一种能够感受加速度并将其转换成可用输出信号的传感器。在农业移栽机器人中,通常需要利用加速度传感器监测移栽机构的运动工况,以获取高速取苗臂等机构的振动,从而进行工况预测与优化。

加速度传感器的工作原理基于牛顿第二定律,即力等于质量乘以加速度($F=ma$)。在传感器内部,通常包含质量块、阻尼器、弹性元件、敏感元件和适调电路等部分。当传感器受到加速度作用时,质量块会对弹性元件产生作用力并引发形变,这个形变被敏感元件捕捉并转换成电信号进行传输。阻尼器的作用是确保传感器在受到冲击后能够迅速恢复到稳定状态,为下一次测量做好准备。

根据传感器敏感元件的不同,常见的加速度传感器可分为电容式、应变式、压阻式和压电式等。

1. 电容式加速度传感器

电容式加速度传感器(图 2-1)主要由以下几个部分组成:

(1) 固定极板 固定极板通常有两个或更多,它们被固定在传感器的壳体上,用于形成电容的一个电极。

（2）质量块　这是传感器中的一个关键组件，通常具有一定的质量，用于感受加速度的作用。质量块上也可能固定有电容的另一个极板。

（3）支撑弹簧片　支撑弹簧片用于支撑质量块，使其能够在受到加速度作用时发生位移，但同时又不会完全脱离传感器。

（4）壳体　壳体为传感器的外部保护结构，同时也为固定极板和质量块提供支撑。

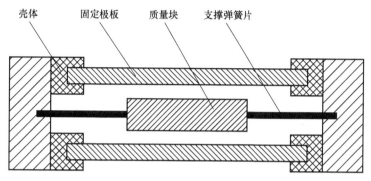

图 2-1　电容式加速度传感器

电容式加速度传感器的工作原理基于电容值与电极之间距离的关系。在没有加速度作用时，质量块处于静止状态，与固定极板之间的距离保持不变，此时形成的电容值也保持不变。当传感器受到加速度作用时，质量块会受到力的作用而发生位移，这个位移会导致质量块上的极板与固定极板之间的距离发生变化。由于电容值与极板之间的距离有关，当距离发生变化时，电容值也会相应发生变化，即当距离减小时电容值增大，当距离增大时电容值减小。传感器内部的电路会捕捉到这个电容值的变化，并将其转换为电信号输出。

2. 压电式加速度传感器

压电式加速度传感器是基于弹簧质量系统原理。敏感芯体质量受振动加速度作用后产生一个与加速度成正比的力，压电材料受此力作用后沿其表面形成与这个力成正比的电荷信号。压电式加速度传感器具有动态范围大、频率范围宽、坚固耐用、受外界干扰小以及压电材料受力自产生电荷信号不需要任何外界电源等特点，是应用广泛的振动测量传感器。

压电式加速度传感器的结构如图 2-2 所示。在两块表面镀银的压电晶片（石英晶体或压电陶瓷）间夹一片电极（金属薄片），并引出输出信号的引线。在压电晶片上放置一块质量块，并用硬弹簧对压电元件施加预压缩载荷。静态

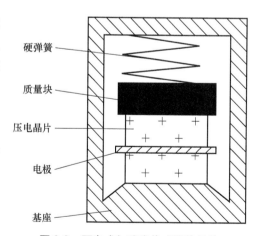

图 2-2　压电式加速度传感器的结构

预载荷的大小应远大于传感器在振动、冲击测试中可能承受的动应力。这样，当传感器向上运动时，质量块产生的惯性力使压电元件上的压应力增加；反之，当传感器向下运动时，压

电元件的压应力减小，从而输出与加速度成正比的电信号。

压电式加速度传感器整个组件装在一个基座上，并用金属壳体加以封罩。为了避免试件的任何应变传递到压电元件上去，基座尺寸较大。测试时传感器的基座与测试件刚性连接，当测试件的振动频率远低于传感器的谐振频率时，传感器输出的电荷（或电压）与测试件的加速度成正比，经电荷放大器或电压放大器即可测出加速度。

2.1.2 力学传感器

力学传感器常用于机械部件表面接触力的测量。移栽机器人执行移栽过程中需要依靠机械式末端执行器对种苗进行夹持，由于夹持力的作用，种苗被完整取出，但夹持力需要进行约束与优化以保障取苗作业效果。下面将介绍一些主要的夹持力检测技术及常用的力学传感器。

1. 主要的夹持力检测技术

（1）夹持力传感器 夹持力传感器是专门设计用于测量夹持力的传感器。它们通常安装在夹具或夹持装置上，并可以直接测量施加在物体上的夹持力。夹持力传感器是夹持力检测技术中的关键组成部分，其作用是直接测量夹持装置对物体施加的夹持力。这些传感器通常采用各种不同的工作原理，包括应变片、电容、电阻和压电效应等。应变片式夹持传感器是其中一种常见的类型，它利用应变片的变形来检测施加在夹持装置上的力。当夹持力作用于传感器上时，应变片产生微小的变形，这种变形会导致电阻值或电容值的变化，从而可以通过测量电阻值或电容值的变化来确定夹持力的大小。

（2）夹持力测试台 夹持力测试台是一种专门设计用于夹持力测试的设备，通过模拟实际工作条件下的夹持力，可定量评估夹持装置对物体的保持能力。这种设备通常包括夹具和相应的测量系统，可以模拟不同的工作环境和应用场景。通过施加不同方向和大小的力，夹持力测试台能够准确测量物体的移动、位移以及夹持力的变化情况。其高精度和可调性使其成为生产过程中的重要工具，有助于验证夹持装置的设计和性能，从而优化生产流程，提高生产效率和产品质量。在应用夹持力测试台时，需要根据具体需求进行合理的设置和调整，以确保测试结果准确可靠，为夹持力的评估提供可靠的数据支持。

（3）拉伸试验 拉伸试验可以用于评估夹持装置在不同条件下对物体的保持能力。它通过施加垂直方向的拉伸力，可以模拟物体受到外部拉力的情况，从而测量夹持装置的夹持能力。拉伸试验不仅可以评估夹持力的大小，还可以检测夹持过程中物体的变形和位移情况，为夹持装置的设计和优化提供重要依据。这种试验可以采用各种不同的装置和方法进行，包括机械拉伸机、手动拉力计等。在进行拉伸试验时，需要考虑夹持装置的材料、结构和夹持方式等因素，以及测试条件的控制和标准化，以确保测试结果的准确性和可比性。

（4）压力传感器 压力传感器可以用于间接测量夹持力。当夹持装置施加力于物体时，压力传感器可以用来测量这种作用力，并据此推断夹持力的大小，即通过测量夹持装置施加在物体上的压力来评估夹持的有效性。这些传感器利用压电效应或者其他原理将压力转换成电信号，提供了对夹持力的准确测量。其高精度和快速响应使其成为生产过程中的关键组成部分，有助于精确预测夹持装置对物体的牢固夹持效果，从而提高生产效率和产品质量。在选择和应用压力传感器时，需要考虑到测量范围、精度和耐久性等因素，以满足特定应用的需求，并确保准确可靠地评估夹持力。

2. 常用的力学传感器

（1）电容式压力传感器　电容式压力传感器是一种将被测量的压力转化为电容值变化的压力传感器，其主要利用电容作为敏感元件。常见的电容式压力传感器一般以圆形金属薄膜作为电容的一个电极，当金属薄膜感受到压力产生变形时，金属薄膜与固定电极之间的电容值会发生变化，此变化量可通过测量电路转换为与电压成一定关系的电信号输出。

电容式压力传感器的优点是测量范围广、灵敏度高、动态响应时间短以及机械损耗低。此外，它还具有简单的结构和卓越的适应性。其缺点主要是受到寄生电容的影响，特别是在使用变间隙原理进行测量时，会产生非线性输出。随着半导体技术的进步，寄生电容的问题已经得到了很好的解决，这使得电容式压力传感器的优势得以充分发挥。

（2）压电式压力传感器　压电式压力传感器的工作原理主要基于压电效应，如图 2-3 所示。在晶体受到一个固定方向外力的作用时，内部将产生电极化现象，并在两个表面上产生极性相反的电荷。当外力撤除后，晶体将恢复到不带电状态。当外力作用方向改变，电荷的极性也将改变。晶体受力产生的电荷量与其外力大小成正比。因此，压电式压力传感器是一种利用电气元件和其他机械装置将待测压力转换为电荷量的精密测量仪器。压电材料的原理可以用式（2-1）表示：

$$Q = dF_x \tag{2-1}$$

式中，Q 为电荷量；d 为压电常数；F_x 为在 x 方向的外力。

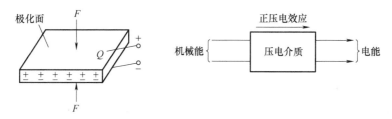

图 2-3　压电效应

压电式压力传感器依赖的压电材料主要可以分为压电晶体、压电陶瓷和新型压电材料三大类。在这三种类别中，压电晶体一般指的是石英晶体、酒石酸钾钠等单晶体；压电陶瓷是一类人工制作的多晶体，例如钛酸钡、锆钛酸铅和铌酸锶等；新型压电材料是新一代压电材料中的代表，其中较为重要的种类包括压电半导体和高分子压电材料。

压电式压力传感器有很多优点，如重量较轻、工作可靠、结构简单、信噪比高、灵敏度高，以及信号的频率范围宽等。但是它也存在某些缺点，如空间分辨率较差、寿命短、电荷易泄漏、仅适用于动态检测、有部分压电材料忌潮湿（需要采取一系列防潮措施）、输出电流的响应较差（需要使用电荷放大器或者高输入阻抗电路来弥补这个缺点）等。

（3）应变式压力传感器　应变式压力传感器是一种通过测量各类弹性元件产生的应变，从而间接测量压力大小的传感器。基于制造材料的差异，其应变元件可划分为金属和半导体两类。其工作原理基于导体和半导体的"应变效应"。简而言之，当导体和半导体材料发生机械变形时，其电阻值将随之改变。以一段金属丝为例，其电阻值可通过式（2-2）来表示，电阻值与长度成正比，与横截面积成反比，即

$$R = \rho \frac{l}{A} = \rho \frac{l}{\pi r^2} \tag{2-2}$$

式中，R 为金属丝电阻值；l 为金属丝长度；A 为金属丝截面积；r 为金属丝半径；ρ 为金属丝电阻率。

在金属丝受到外部作用力时，其长度和截面积将发生变化，进而改变电阻值，如图 2-4 所示。当金属丝因受力而伸长时，其长度增加，截面积减小，电阻值随之增大；相反，当金属丝因受力而压缩时，其长度减小，截面积增大，电阻值则相应减小。通过测量电阻值的变化，可以了解金属丝的应变情况。

在实际应用中，通常将电阻应变片粘贴在弹性元件表面，以便于传感器中的弹性元件在应力作用下产生应变时，电阻应变片也能感知到这种变化，从而产生应变，使电阻值发生变化。通过测量电阻值的变化，可以精确测量弹性元件的伸缩情况，进而求出应变。

（4）霍尔式压力传感器　霍尔式压力传感器是基于某些半导体材料的霍尔效应原理设计和制造的压力传感器，具体设计和工作方式如图 2-5 所示。当半导体薄片置于磁场内部，并且电流流经 a、b 两侧时，由于洛伦兹力的作用，使得薄片内的电荷向 d 侧偏移，进而在 c、d 两侧产生电压差（霍尔电压）。当作用在电子上的电场力与洛伦兹力相等时，电子积累达到动态平衡，此时 c、d 两面会形成霍尔电场，从而产生相应的霍尔电动势。霍尔电动势的大小可以通过式（2-3）来计算。

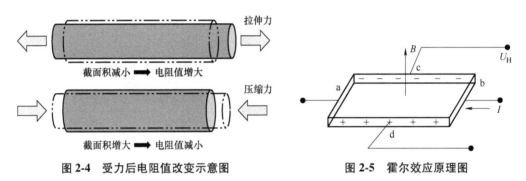

图 2-4　受力后电阻值改变示意图　　　图 2-5　霍尔效应原理图

$$U_H = \frac{R_H IB}{d} = K_H IB \tag{2-3}$$

式中，U_H 为霍尔电动势；R_H 为霍尔常数；I 为控制电流；B 为磁感应强度；K_H 为霍尔元件的灵敏度；d 为霍尔元件的厚度。

将霍尔式压力传感器固定于弹性敏感元件上，在压力的作用下霍尔式压力传感器随着弹性敏感元件的变形而在磁场中产生位移，输出与压力成一定关系的电信号。在使用霍尔式压力传感器时，均采用使电流恒定而使磁感应强度变化的方式来达到转换的目的。

2.1.3　激光传感器

农业移栽机器人中高速运动状态的测量通常采用非接触式测量方法，避免测量装置对运动机构的状态产生干涉从而影响作业效果。激光传感器通过发射激光束并接收其反射或散射回来的信号来实现对目标物体的非接触式测量、检测或识别。利用激光的优良特性，如方向性好、单色性强、亮度高等，来实现移栽关键部件作业状态下的高精度、远距离、非接触式测量。

激光传感器内部包含一个激光发射器（通常是激光二极管），用于产生单色、相干且高度定向的激光光束。激光束被发射并指向目标物体，与物体相互作用后发生反射或散射。激光传感器还包含一个接收器（通常是光电二极管或其他光敏元件），用于检测反射或散射回来的激光束。接收器测量激光束的时间延迟或强度，以确定物体的距离或特性。激光传感器的数据处理单元分析接收到的信息，并将其转化为距离、速度、位置或其他测量结果。

1. 对射式激光传感器

对射式激光传感器由发射端和接收端两部分组成（图2-6）。发射端发射出激光束，激光束经过透镜后成为平行光，并照射在待测物体上。当激光束遇到物体时，部分光会被反射回来，反射光再次经过透镜进入接收端。

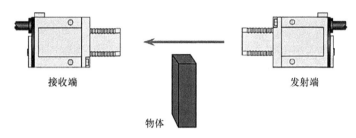

接收端　　　　　　　　　　　　　　　　　发射端

物体

图 2-6　对射式激光传感器

接收端接收到反射回来的激光信号后，会将其转换为电信号，并进行处理和分析。通过测量激光束从发射到接收的时间（时间飞行法）或相位差（相位测量法），可以计算出被测物体的距离。同时，还可以利用激光束的角度信息计算出物体的位置和姿态。

经过处理后的信号会被转换为可识别的输出信号，如数字信号或模拟信号，以供后续系统使用。

对射式激光传感器能够实现高精度的测量，满足各种高精度要求的工业应用。由于激光传播速度极快，传感器能够快速响应并实时测量物体的距离和位置，避免了传统接触式测量可能带来的磨损和误差，同时也适用于无法接触或难以接触的测量场景。

2. 反射板式激光传感器

反射板式激光传感器通常是指利用激光束的反射原理进行测量或检测的传感器系统。这种传感器系统通常包括激光发射器、接收器和反射板 3 个主要部分（图2-7）。

激光发射器发出激光束，这些激光束具有高度的方向性和单色性。激光束照射到反射板上，反射板通常采用具有高反射率的材料制成，以确保激光束能够大部分被反射回来。反射板可以是固定的，也可以是移动

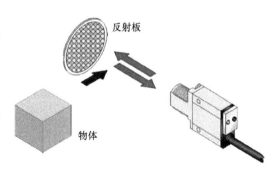

反射板

物体

图 2-7　反射板式激光传感器

的，具体取决于应用场景。反射回来的激光束被接收器捕获。接收器内部通常包含光电探测器（如光电二极管），可将接收到的光信号转换为电信号。转换后的电信号经过信号处理电路进行处理，以提取出所需的信息，如距离、速度、位置等。

反射板能够确保激光束以几乎相同的角度反射回来，从而减少因散射或漫反射造成的误

差。高反射率的反射板能够反射更多的激光能量，使接收器能够接收到更强的信号，从而提高系统的灵敏度和测量范围。

3. 漫反射式激光传感器

漫反射式激光传感器主要由激光器（发射器）和接收器两部分组成（图2-8）。激光器发射出聚焦的激光束，该激光束以极高的速度行进，直到遇到目标物体表面。激光束在目标物体表面发生漫反射，即光线以多个方向散射回去，接收器捕获到这些反射回来的光线，并将其转换为电信号。转换后的电信号经过处理电路进行放大、滤波等，以提取出有用的信

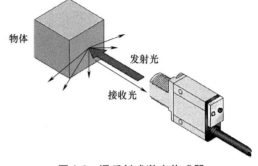

图2-8　漫反射式激光传感器

息。处理后的信息被输出为可识别的信号，如数字信号或模拟信号，以供后续系统使用。

漫反射式激光传感器不会对目标物体造成损伤或污染，能够实现高精度的测量和检测；具有较快的响应速度，能够实时反馈目标物体的信息；能够识别多种类型的材料，如金属、玻璃、塑料等。

2.2　图像处理与机器视觉

图像呈现的信息相对丰富，农业移栽机器人通常需要借助作业对象的图像信息进行动作的决策调整，例如：对待移栽种苗的图像进行识别与分类，以实现种苗的分选移栽操作；利用图像信息判断种苗的缺失，以实现防漏栽操作等。

2.2.1　图像预处理技术

图像采集单元通过图像传感器等将光信号转换为计算机能够识别的数字信号，如何从这些包含有大量冗余信息的图像中提取到机器人所需的有用信息（即如何在图像中获取能够表征图像的特征信息）就显得尤为重要。通过能够实现不同功能的图像处理算法对图像信息进行预处理和特征提取等操作，计算机能够获得特征抽象后的更高维特征表达，用以完成图像中信息和目标的分析和理解。

图像预处理是在高效准确地提取图像特征之前，对图像进行的畸变矫正、图像增强等操作，以便于提升图像质量。为了建立真实世界和图像坐标之间的精确对应关系，需要进行相机标定来修正镜头畸变等导致的成像误差，为后期的特征提取和目标定位等操作提供更加准确的位置信息。另外，图像的成像质量可能因外部环境、相机成像设备制作工艺和信号传输等影响，导致图像中出现噪声和模糊的现象，此时使用图像去噪便可以改善图像质量。图像增强是为了增强图像中的有用信息，以便于改善图像的视觉效果，加强图像的判读和识别效果。图像预处理技术主要包括以下几点：

1. 图像尺寸调整

由于不同的计算机视觉算法和模型通常需要固定大小的输入图像，因此图像尺寸调整是预处理中必不可少的一步，可以通过插值方法（如双线性插值、双三次插值等）或裁剪方

法来实现。插值方法可以根据原始图像的像素值计算出目标尺寸图像中每个像素的近似值，而裁剪方法则直接选择原始图像的一部分区域作为输出。

2. 像素归一化

像素归一化是将图像像素值缩放到一个特定的范围内（通常是 0~1 之间），以提高算法的收敛速度和稳定性。在深度学习中，像素归一化操作尤为重要，因为它可以使不同图像之间的像素值具有可比性，减少模型训练过程中的梯度消失或梯度爆炸问题。

3. 数据增强

数据增强是通过一系列的随机变换（如旋转、平移、缩放、翻转、颜色变换等）来增加训练数据的多样性和数量，从而提高模型的泛化能力（图 2-9）。这些变换可以模拟真实世界中图像可能出现的各种情况，使模型在训练过程中学习到更加鲁棒的特征表示。

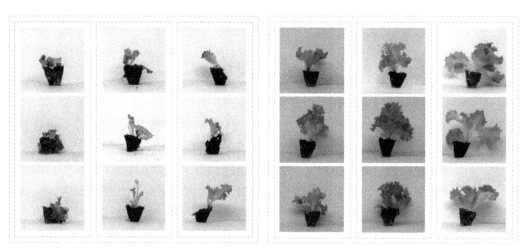

图 2-9　钵苗图像增强数据集

4. 色彩空间转换

色彩空间转换是指将图像从一种色彩空间转换到另一种色彩空间，以适应不同的处理需求（图 2-10）。常见的色彩空间包括 RGB（红绿蓝）、HSV（色调饱和度亮度）等。例如，将 RGB 图像转换为灰度图像可以简化图像数据，减少计算量；将 RGB 图像转换为 HSV 图像则可以更方便地进行颜色分割和识别。

| RGB原图像 | HSV图像 | 二值图像 |

图 2-10　钵苗 RGB 图像处理流程

5. 去噪和平滑

图像中的噪声会干扰图像分析的结果，因此去噪是预处理中的重要步骤。去噪可以通过滤波器（如高斯滤波器、中值滤波器等）来实现，这些滤波器可以平滑图像并去除噪声。然而，需要注意的是，过度平滑可能会模糊图像中的边缘和细节信息，因此需要在去噪和平滑之间找到平衡点。

2.2.2　目标检测与识别

机器视觉技术中，目标检测和图像识别是两个关键的任务领域。目标检测是指在图像或视频中自动识别和定位特定目标的过程，而图像识别是指识别图像中的物体、文字、动作等。

目标检测是机器视觉领域中的一个重要任务，其应用广泛，包括视频监控、自动驾驶、人脸识别等。在目标检测中，我们需要让计算机理解图像中的目标是什么，以及它们在图像中的位置。这个过程通常包括两个关键步骤——目标定位和目标分类。

目标定位是指在图像中准确定位目标的位置信息。传统的目标定位方法主要基于手工设计的特征和分类器，如 Haar 特征和级联分类器。然而，这些方法在面对复杂背景、遮挡和尺度变化等问题时表现不佳。近年来，基于深度学习的目标定位方法取得了显著的进展。深度学习模型，如卷积神经网络（CNN），能够自动学习图像中的特征表示，从而提高目标定位的准确性和鲁棒性。

目标分类是指将检测到的目标分类为事先定义好的类别。在机器学习领域，目标分类一直是一个热门研究方向。传统的目标分类方法通常依赖于手工提取的特征和分类算法，如支持向量机（SVM）和随机森林。然而，这些方法需要人为设计特征，且对于复杂的图像场景具有局限性。而深度学习技术的出现则彻底改变了目标分类的方式。深度学习模型可以从大量的标注数据中学习图像的特征表示，并且具有很强的泛化能力。这使得深度学习模型在目标分类任务中取得了突破性的进展。

除了目标检测，机器视觉技术中的图像识别也是一个重要的任务。图像识别是指通过计算机对图像进行分析和解释以识别出图像中的物体、场景或其他有意义的内容。图像识别的应用领域广泛，包括人脸识别、物体识别、场景识别等。物体识别是指在图像中识别出不同种类的物体。这是一个更加复杂的任务，因为物体的类别多样，形状和颜色各异。传统的物体识别方法主要基于手动设计的特征和分类算法，然而这些方法需要大量的人力和时间。深度学习技术的出现使得物体识别变得更加高效和准确。通过训练深度学习模型，它能够自动从图像中学习到物体的特征表示，进而实现准确的物体识别。场景识别的难点在于不同场景之间的相似性和差异性。深度学习模型通过自动学习一些高级的语义特征，能够更好地捕捉场景的细节，从而实现准确的场景分类和识别。

2.2.3　深度图像处理

在计算机视觉领域，深度图像处理是一个融合了深度学习技术与传统图像处理技术的综合性概念。它旨在通过深度学习模型自动提取图像中的高级特征，进而实现图像的分类、识别、检测、分割、增强等多种任务，以改善图像质量或提取有用信息。

深度图像处理是指利用深度学习技术，特别是 CNN 等模型，对图像进行高级处理和分析的过程。这些模型能够自动学习图像中的复杂特征，无须人工设计特征提取器，从而提高了图像处理的准确性和效率。深度图像处理不仅限于简单的图像增强和复原，更涉及图像的高级语义理解，如目标检测、图像分割、场景识别等。深度图像处理的核心技术包括以下几点：

1. CNN

CNN 是深度图像处理中最常用的模型之一。它通过卷积层、池化层和全连接层等结构，自动提取图像中的局部特征和全局特征（图 2-11）。卷积层使用卷积核对图像进行卷积操作，以提取图像中的边缘、纹理等低级特征；池化层则通过池化操作降低特征图（Feature Map）的维度，同时保留主要信息；全连接层则将提取的特征用于分类、识别等任务。

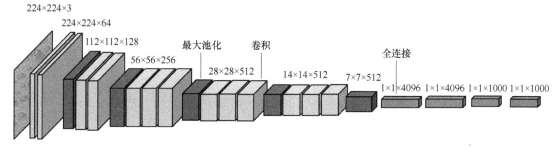

图 2-11　VGG 卷积神经网络流程图

2. 图像分类

图像分类是深度图像处理的基本任务之一。通过训练 CNN 等模型，可以实现对图像中物体的自动分类。在训练过程中，模型会学习不同类别图像的特征表示，并在测试阶段根据输入图像的特征进行类别预测。

3. 目标检测

目标检测是在图像中定位并识别出特定物体的任务。深度学习方法，如 Faster R-CNN、YOLO（You Only Look Once）等，通过结合区域提议网络和分类网络，实现了对图像中多个物体的快速检测和识别。

4. 图像分割

图像分割是将图像分割成不同区域或对象的过程。深度学习方法，如 FCN（全卷积网络）、DeepLab 等，通过像素级别的分类实现了对图像的精细分割。这些模型能够识别出图像中的每个像素点属于哪个对象或区域。

5. 特征提取

在获取钵苗 RGB 图像后，叶片和基质均采用 HSV 色彩空间颜色提取。叶片提取黄绿像素效果较好，去除噪声点后可完成叶片面积的获取。基质提取黑色像素效果差，颜色提取后进行形态学膨胀和腐蚀处理，然后通过高斯滤波去除噪声，以此得到基质的二值图像。之后遍历二值图像中的白色像素点得到叶片和基质的像素面积。其原理如图 2-12 所示。

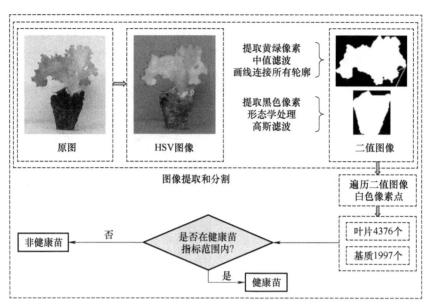

图 2-12 钵苗特征提取原理

2.3 移栽机器人取苗夹持力传感器技术

移栽机器人在现代农业生产中扮演着日益重要的角色，而取苗夹持力传感器作为其关键感知单元，对于确保移栽操作的精准性和效率具有至关重要的作用。在取苗作业过程中，如果夹苗力度过大可能导致钵苗受损，力度过小又可能导致钵苗无法顺利取出或在取、投苗过程中出现滑脱的问题。因此，确保夹苗力度的稳定、降低损伤率是决定最终移栽作业质量的关键因素。

针对入钵夹取式全自动蔬菜钵苗移栽机取苗爪体积小，夹持力检测传感器结构与安装方式干涉取苗爪正常取投动作、影响自身精度与使用寿命等问题，本书选用聚二甲基硅氧烷（Polydimethylsiloxane，PDMS）薄膜作为传感器介电层，设计了一种内置式钵苗夹持力传感器，并通过嵌入方式实现取苗爪与传感器一体化设计，可用于移栽机取苗机构夹持力的实时精准检测。

2.3.1 取苗爪结构设计

1. 研究对象

本书以入钵夹取式全自动蔬菜钵苗移栽机取苗爪为研究对象，以取苗爪正常完成取投动作的同时实现夹持力检测为目标，对移栽机取苗爪作业过程进行分析。钵苗移栽机部件及取苗爪如图 2-13 所示。取苗过程如下：穴盘在机构驱动下运动到取苗爪夹取位置，固定在凸轮上的末端执行机构带动取苗爪运动，取苗爪由初始竖直状态变为前伸状态，插入穴孔并夹紧穴盘苗钵体基质，之后随轮系旋转将钵苗取出并投放至鸭嘴漏斗，取苗爪由前伸状态恢复为竖直状态，准备下一次取投动作，如此循环，完成取投苗作业。

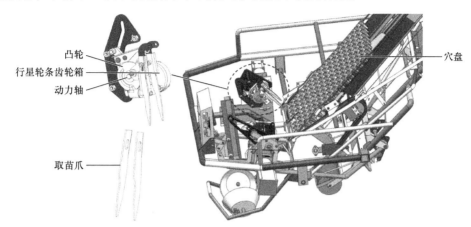

图 2-13　钵苗移栽机部件及取苗爪

2. 钵苗夹持力分析

分析取苗爪夹持时钵体基质的受力情况，可为传感器安装位置提供参考。不考虑钵体的蠕变及不均匀性，取苗过程中钵体基质的受力分析如图 2-14 所示。

其中，F_{j1}、F_{j2} 为取苗爪对钵体基质的夹持力，F_{f1}、F_{f2} 为取苗爪与钵体基质间的摩擦力，F_{f3}、F_{f4} 为穴孔与钵体基质间的摩擦力，F_{N1}、F_{N2} 为钵体基质与穴孔之间的切向黏附力，F_{N3} 为钵体基质与穴孔之间的法向黏附力，G 为钵体基质自身重力，θ 为钵穴与竖直平面夹角，β 为夹持角度。为简化计算，将钵体基质在竖直向下的合力定义为 F_H，则 F_H 满足

$$F_H = (F_{f3}+F_{f4}+F_{N1}+F_{N2})\cos\theta+F_{N3}+G$$

$$(2\text{-}4)$$

由于取苗爪的表面粗糙度与径向尺寸小，对钵体基质的黏附力影响低，可忽略取投苗过程中取苗爪对钵体基质破损率的影响。为保证取苗成功，钵体基质在竖直方向上的合力必须满足

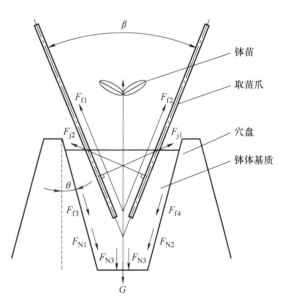

图 2-14　取苗过程中钵体基质的受力分析

$$\left(F_{f1}+F_{f2}\right)\cos\frac{\beta}{2}+2F_j\sin\frac{\beta}{2}=F_H \tag{2-5}$$

式中，F_j 表示不同位置钵体基质对取苗爪的作用力，其方向与接触面垂直，其大小为

$$F_j = \sigma_j A \tag{2-6}$$

式中，σ_j 为取苗爪不同位置处的抗压强度（kPa）；A 为钵体基质的夹持受力面积（mm^2）。

在计算中，一般将取苗爪对钵体基质的夹持力简化为 F_{j1}、F_{j2}。在取苗爪夹紧过程中，

钵体基质的压缩量随着取苗爪插入深度的增加而增大，相应的，取苗爪测力区域与钵体基质不同接触位置的夹持力也不同，传感器无法准确输出所测的夹持力值。为此，提出一种内置式电容夹持力检测传感器，采用嵌入方式与取苗爪一体化封装，通过表面保护层盖板，将取苗爪测力区域受力平均分散在整个盖板上，使接触区域下压距离相同，传感器可输出准确一致的夹持力值，有效解决了因取苗爪测力区域不同位置夹持力值不一致导致传感器无法输出有效值的问题。

3. 取苗过程耦合仿真

针对夹持力受力分析的局限性，为使夹持力检测更加精准，对取苗过程进行柔性体-离散元耦合仿真。利用 SolidWorks 对取苗爪、穴盘进行建模，将取苗爪导入 Ansys LS-PrePost 中进行网格划分，通过 EDEM 对钵体基质建模，使用 LS-Dyna 软件对取苗过程进行柔性体-离散元耦合仿真，进而得到取苗爪与钵体基质的受力云图，从而确定传感器最佳安装位置。

穴盘基质颗粒物质与植物根系间存在多方向的力链网络，其相互作用且非均匀地分布在根系-土体混合物中，根据已有的针对苗钵仿真材料参数的研究，确定本研究的仿真材料参数，见表 2-1。

表 2-1　仿真材料参数

参数	取值		
	取苗爪	钵体基质	穴盘
泊松比	0.35	0.3	0.38
剪切模量/MPa	8300	1.55	850
密度/（kg·m⁻³）	7700	800	1500

在钵体基质建模过程中，由于钵体基质颗粒模型均为球形且半径相差小，为方便模拟并减少计算量，统一将基质颗粒半径定为 0.5mm。根据 128 孔穴盘尺寸设置相应的 Total Mass，由 Factory 生成基质颗粒并在重力作用下落入穴孔中，设置颗粒间接触模型为 EEPA 模型，之后对模型额外施加压板对颗粒进行压缩使基质颗粒间生成连接键，最终得到钵体颗粒模型。钵体夹取仿真模型如图 2-15 所示。

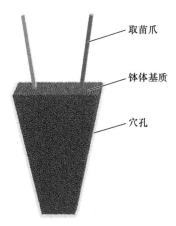

图 2-15　钵体夹取仿真模型

仿真模拟取苗爪插入基质及将基质整体取出两个主要过程。如图 2-16 所示，通过求解得到插入过程与取出过程中取苗爪与钵体基质的受力云图，其中图 2-16a 与图 2-16c 表示取苗过程中取苗爪插入钵体基质与将基质整体取出两动作中取苗爪的受力，图 2-16b 与图 2-16d 表示钵体基质在取苗爪插入与被整体取出两过程中的受力。

由仿真模拟取苗爪插入基质与将基质整体取出两个主要过程可知，夹取过程中取苗爪与钵体基质接触部分最大受力区域为距尖端 10～15mm 及以上的长形区域，该区域是嵌入传感器的最佳位置。取出过程中取苗爪与钵体基质未接触部分最大受力区域为取苗爪中部，可将取苗爪背面中部选定为应变式压力传感器安装位置。

a) 插入过程中取苗爪的受力

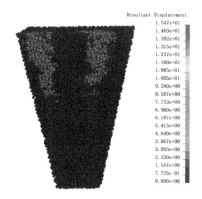

b) 插入过程中钵体基质的受力

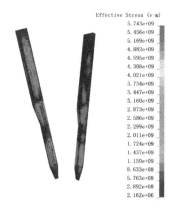

c) 取出过程取中苗爪的受力

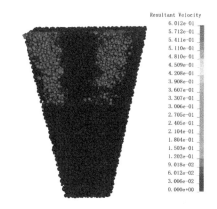

d) 取出过程中钵体基质的受力

图 2-16　插取过程中取苗爪与钵体基质的仿真应力云图

4. 取苗爪结构参数设计

根据取苗爪与钵体基质间受力分析以及取苗过程夹持力仿真模型分析，设计在取苗爪距离入土尖端 15mm 处开槽，开槽部分尺寸为 6mm×26mm，深 1.5mm。根据栽植要求，取苗过程中取苗爪插入钵体基质的深度为 35～40mm，因此，本设计可保证取苗爪插入钵体基质时，传感器与钵体基质完全接触。此外，取苗爪预留布线槽，布线槽深度为 0.2mm，以便于传感器导线的引出。待布线完成后，使用结构胶将导线槽封闭。嵌入传感器式取苗爪的三维结构和实物图如图 2-17 所示。

2.3.2　传感器原理设计

1. 传感机制的选定

钵苗夹持力检测是一种接触力测量，其受力区域小、数值动态变化大、受噪声影响明显。目前，用于接触力测量的触觉传感器的感应形式主要可分为压阻式、电容式、压电式、光学式与磁感应式等。其中，压阻式传感器结构简单、分辨率高、集成电路兼容性好，但再现性差、抗老化性能低；电容式传感器温度性能与动态响应好、结构简单、可测极低压力，

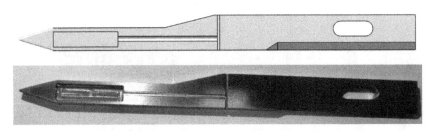

图 2-17 嵌入传感器式取苗爪的三维结构和实物图

但在较大压力检测时线性度差且存在边缘效应；压电式传感器准精度、灵敏度高，但空间分辨率差、寿命短、电荷易泄漏，仅适用于动态检测；光学式传感器重复性好、检测范围广、分辨率高，但体积大、易受温度影响；磁感应式传感器灵敏度高、动态范围大，但可靠性差、工作环境要求高。目前电容式与压阻式传感器较为成熟，适用于大规模生产，压电式、磁感应式、光学式传感器在实际应用中还存在较大的问题。

由于全自动蔬菜钵苗移栽机作业环境恶劣，同时取苗爪体积小、作业速度快，因此本书选定夹持力检测传感器的传感机制为电容式，利用其优良性能获取钵苗夹持力。电容式传感器除上述优点外，还具有高灵敏度和高分辨率的特点，能够在机器振动、极端温湿度等较为恶劣的环境中保持良好的工作性能，这些成为该传感器区别于其他传感器的最大优点。

电容式传感器在应用过程中主要存在边缘效应影响大、输出阻抗高、负载能力差、寄生电容影响大、输出特性非线性等缺点，严重影响电容式传感器的使用，为此，针对上述问题提出以下解决方案：

1）针对电容式传感器边缘效应影响大的问题，可通过增加极板面积、减小极板间距克服边缘效应。在本书中电容式传感器上下极板间距远小于上下极板尺寸，故电容式传感器的边缘效应可忽略不计。同时，取苗夹持力检测属微力测量，范围多在 20N 以内，可通过对传感器施加不同范围力进行标定拟合分析，在符合本书测力范围的基础上选择最优的量程范围，故选择电容式传感机制作为传感器感应形式进行夹持力检测传感器试制，可最大限度满足需求。

电容式传感器易受外界环境干扰，主要是由于传感器负载能力差，传感器的电容值受电极几何尺寸限制，一般为几十到几百皮法，使传感器输出阻抗很高，严重时甚至无法工作。因此，在本书中除采取屏蔽措施外，还通过硬件信号调理电路与采集软件相结合的方式对输出阻抗、负载能力、寄生电容等方面进行优化，极大地提高了传感器工作的稳定性，提高了测量精度。

2）针对电容式传感器线性度差的问题，使用差动式电路结构对其进行优化，但不可能完全消除。

综上，电容式传感器的优点得到发扬而缺点不断克服，在取苗夹持力检测方面体现了其高灵敏度、高精度，以及在动态、低压及特殊安装结构方面的极大优势，因此最终选定夹持力检测传感器传感机制为电容式。

2. 传感器测量原理

电容感知是机器触觉感知中最常用的原理之一。电容式传感器具有高灵敏度和高分辨率的特点，能够在机器振动、极端温湿度等较为恶劣的环境中保持良好的工作性能。现针对钵苗夹持力检测提出一种内置型电容式传感器，利用其优良性能获取钵苗夹持力。电容式压力传感器最常见的结构形式是 3 层结构，主要由上下极板和介电层组成，其结构示意图如图 2-18 所示。

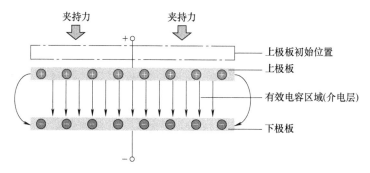

图 2-18　受压后电容式压力传感器结构示意图

电容式压力传感器的基本工作原理是将夹持力变化转换为电容值变化。当传感器上下极板之间的距离产生微小的变化时，传感器的电容值随之变化，通过对电容值变化的转换即可实现对施加在传感器上的力的测量。平行板电容的电容值由下式计算：

$$C = \varepsilon_0 \varepsilon_{\mathrm{r}} \frac{A}{d} \tag{2-7}$$

式中，ε_0 为真空介电常数；ε_{r} 为介电层相对介电常数；A 为两极板间重叠面积；d 为两极板间距。

由式（2-7）可知，传感器的电容值变化主要由两极板间重叠面积 A 与两极板间距 d 的变化引起。由于本书传感器采用嵌入式安装方式，极板间重叠面积始终保持不变，电容值变化主要通过外界施加压力使传感器极板间距改变来实现。

3. 传感器电极与介电层材料选定

为了扩展测量下限和提高传感器灵敏度，需要优化传感器电极与介电层的材料。电极作为电容式传感器的核心元件，其材料特性及表面微结构可提高传感器测力上限。由于取苗爪在取投苗过程中与钵体基质间作用力较小，属微力测量范围，故不再对电极板结构进行优化研究。考虑到化学稳定性与力学性能因素，选用性价比最高的铜箔作为电极材料。

在不考虑极板影响的情况下，介电层材料特性对传感器性能有较大影响。由于传感器初始电容值小，易受外界干扰，需选取相对介电常数较大的介电材料。为提高传感器灵敏度，需选用杨氏模量较小的介电材料，此类材料通常使传感器对外表现出高灵敏度、小量程的特性。因此，在选择介电材料时，需要综合考虑它们的相对介电常数、杨氏模量、泊松比和密度等参数。

常见的 PVDF（聚偏二氟乙烯）、PI（聚酰亚胺）和 PET（聚对苯二甲酸乙二酯）由于相对介电常数较小，导致传感器初始电容值较小，在传感器小型化研究中，需要传感器保持较高的初始电容值，因此，它们不适用于夹持力检测传感器的制备。杨氏模量作为描述固体材料抵抗形变能力的物理量，在材料受力发生形变时，杨氏模量越小，其形变量越大。

由于 PDMS 薄膜制作的传感器灵敏度最高，因此，PDMS 作为电容式触觉传感器介电薄膜材料有极高的性能，可作为可压缩介电层，以提高电容式传感器的灵敏度。当取苗爪对钵苗基质施加夹持力时，PDMS 介电层被压缩，两极板的间距减小，电容值增加；当夹持力发生变化时，PDMS 介电层被压缩的程度也随之改变；撤去夹持力时，PDMS 介电层由于其良好的弹性可恢复至形变之前的初始位置。

4. 传感器结构与封装

大量研究表明，对介电层材料进行微结构化处理是提高压力传感器灵敏度等性能指标的有效方法之一。不同相对介电常数和微观结构的介电层，对传感器的灵敏度和响应时间有很大的影响。因此，本书选用具有较小杨氏模量与较大相对介电常数的 PDMS 材料，可改善传感器因初始电容值小而易受外界干扰的情况，且传感器对外表现出高灵敏度与小量程特性，适用于本书对夹持力的测量。介电层设计 PDMS 圆台阵列结构，底部直径为 $100\mu m$，顶部直径为 $30\mu m$，高度为 $45\mu m$，相邻圆台间隙为 $100\mu m$，介电层整体尺寸为 $5mm \times 25mm$。传感器介电层结构示意图如图 2-19 所示。

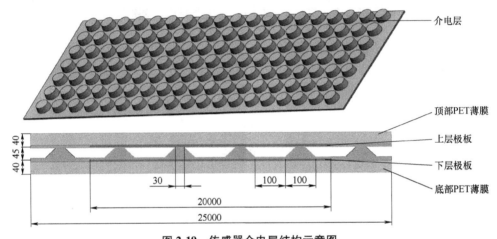

图 2-19 传感器介电层结构示意图

注：图中尺寸单位为 μm。

传感器由上下极板与极板间介电层构成，整体尺寸为 $5mm \times 25mm$，厚度为 $1.2mm$。上下极板分别固定在柔性 PET 薄膜上，通过垂直排列在传感器中形成电容，极板尺寸为 $5mm \times 20mm$。介电层采用圆台式结构阵列的 PDMS 薄膜，取苗过程中，当取苗爪对钵体基质施加夹持力时，PDMS 介电层被压缩，两极板的间距减小，电容值增加。当钵苗夹持力发生变化时，PDMS 介电层被压缩的程度也随之改变。撤去钵苗夹持力时，PDMS 介电层由于其良好的弹性恢复形变。传感器结构示意图如图 2-20 所示。

为实现取苗夹持力的检测，将传感器嵌入取苗爪槽中，取苗爪与传感器一体化封装如图 2-21 所示，包括嵌入传感器式取苗爪、嵌入型电容式传感器、保护层盖板等。其中，传感器尺寸为 $5mm \times 25mm$，封装时对取苗爪开槽部分表面进行打磨，降低表面粗糙度对传感器精度的影响。传感器通过 KH502 胶水粘接在取苗爪槽内。为降低高温对传感器性能的影响，采用冷焊工艺对保护层盖板与取苗爪进行焊接，最后采用环氧树脂胶对引出线部分进行密封处理，以提高整体的防尘、防水性能。

2.3.3 夹持力传感器信号检测系统设计

1. 电源电路

由于系统电路只提供 +5V 电压源，无法保证仪表放大器正常工作，因此选用 B0505S-

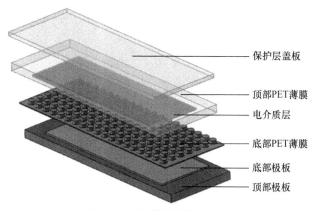

　　保护层盖板

　　顶部PET薄膜
　　电介质层
　　底部PET薄膜
　　底部极板
　　顶部极板

图 2-20　传感器结构示意图

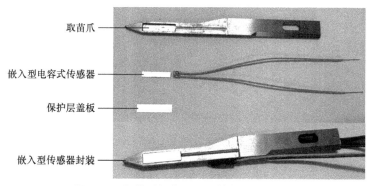

取苗爪

嵌入型电容式传感器

保护层盖板

嵌入型传感器封装

图 2-21　取苗爪与传感器一体化封装实物图

1W 隔离电源驱动模块对输入电源进行转换。隔离电源驱动模块采用定压输入单路输出的转换模式，输出功率为 1W，整体采用单列直插封装（SIP），可将+5V 电压输入转化为+5V 与 −5V 电压输出。为避免负载实际功耗小于模块额定输出功率的 10% 或出现空载现象，在输出端外接阻值为模块额定输出功率值 5%～10% 的电阻作为假性负载。

　　隔离电源模块属于开关电源，会产生混波等噪声信号干扰。由于电路对纹波噪声要求较高，为此在电源两极加入 Π 型 LC 滤波电路，以去除不需要的谐波，减小电流脉动，使电流更平滑。Π 型 LC 滤波电路如图 2-22 所示。

　　在图 2-22 所示的 Π 型 LC 滤波电路中，B0505S-1W 隔离电源驱动模块经+5V、−5V 端口进入，接电阻 R1 作为假负载，输出的单向脉动直流电压先经电容 C1 滤波，去除大部分交流成分，然后再加到 L1 与 C2 滤波电路中。对于交流成分，L1 阻抗大，交流电压降大，降低了负载上的交流成分；对于直流成分，L1 不呈感性，等于通路，且 L1 电感线径粗，直流电阻值小，直流电压降接近于零，故直流输出电压高。由此实现在电源部分减少外部干扰的目的。电源部分整体电路如图 2-23 所示。

2. 电容式传感器信号调理电路设计

　　信号调理电路主要包括频率电压转换模块、一级电压放大模块、二阶低通滤波模块、二级电压放大模块。其中，频率电压转换模块主要由差动脉宽调制电路与一阶低通滤波电路组成。基于运算放大器 AD8052 设计差动脉宽调制电路，其主要作用是将电容式传感器的电容值变化

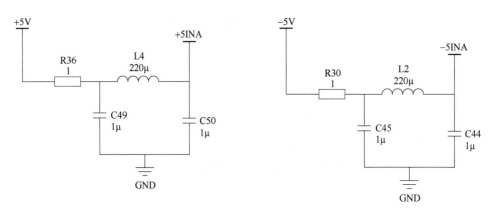

图 2-22　Ⅱ 型 LC 滤波电路

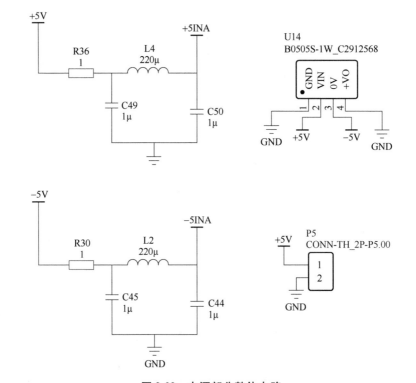

图 2-23　电源部分整体电路

转变为脉宽信号输出；基于电阻与电容组成一阶低通滤波电路，其主要作用是将脉宽信号输入转化为直流电压信号输出；基于仪表放大器 INA826 设计了一级电压放大模块，作用是将输入的直流电压信号放大，同时抑制了不必要的共模干扰，确保了信号的清晰度和准确性；基于电阻、电容搭建二阶低通滤波电路模块，作用是滤除高频信号成分，允许低频信号顺利通过，从而实现信号频率的选择性通过；基于 OP07CD 搭建了二级电压放大模块，作用是利用 OP07CD 高精度、低噪声的特性，通过两级放大电路设计，实现了对输入电压信号的高增益放大。

差动脉宽调制电路具有理论上的线性特性，采用直流电源，电压稳定度高，不存在稳频、波形纯度的要求，也不需要相敏检波与解调，对电容式传感器无线性要求，经低通滤波器可输出较大直流电压，对输出矩形波的纯度要求也不高。差动脉宽调制电路如图 2-24 所示。

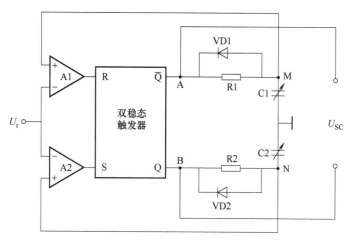

图 2-24　差动脉宽调制电路

　　差动脉宽调制电路由基准源 U_r、比较器 A1、比较器 A2、RS 触发器、电阻 R1、电阻 R2、二极管 VD1、二极管 VD2 以及由 A、B 两端引出的输出 U_{SC} 组成，传感器 C1、C2 构成差动结构。由于夹持力检测只接入单个传感器，因此，在本书中，将 C2 接为固定电容，其电容值与 C1 的初始电容值相等，构成单组式结构。输出电压 U_{SC} 由 A、B 两端引出，当传感器受力后，A、B 两端对内置式传感器 C1 与固定电容 C2 的充电速度不同，故输出电压 U_{SC} 等于 A、B 两端输出电压差。由于 RS 触发器输出为数字电平，故输出电压 U_{SC} 为方波，且脉冲宽度由内置式传感器 C1 与固定电容 C2 的电容值决定。RS 触发器真值表见表 2-2。

表 2-2　RS 触发器真值表

R	S	Q	$\overline{Q}$
0	1	1	0
1	0	0	1
0	0	不变	不变
1	1	不变	不变

　　RS 触发器真值表中 1 表示高电平，0 表示低电平。当 R 端输出低电平、S 端输出高电平时，Q 端输出高电平，$\overline{Q}$ 端输出低电平。此时 A 端低电平，B 端高电平，电路通过 R2 向 C2 充电，N 点电位 U_N 逐步上升，传入 A2 正输入端口。当 $U_N > U_r$ 时，U_R 为高电平，导致 A 端高电平、B 端低电平，如此循环反复，AB 端输出方波信号。差动脉宽调制电路设计图如图 2-25 所示。

　　一阶低通滤波电路主要由电阻与电容组成，主要作用是将脉宽信号输入转化为直流电压信号输出。当输入信号的频率较低时，电容的阻抗比电阻的阻抗高，大部分电容承担大部分输入电压降；当输入信号的频率较高时，电容的阻抗比电阻的阻抗低，电阻上的电压降也低。因此，该电路可实现对低频传感器信号的采集，以及高频、工频、超低频噪声信号的滤除。一阶低通滤波电路如图 2-26 所示。

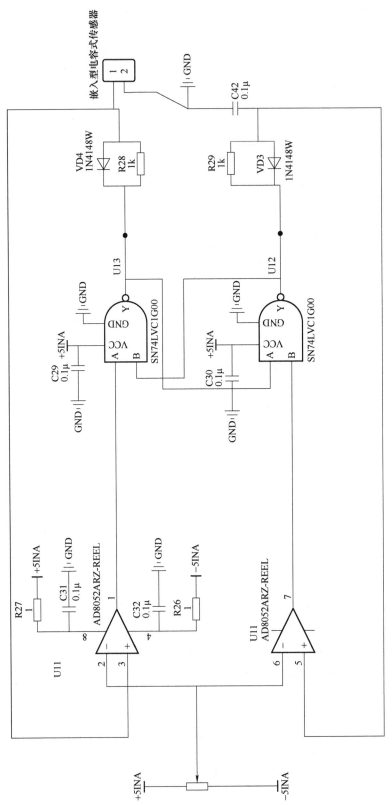

图 2-25 差动脉宽调制电路设计图

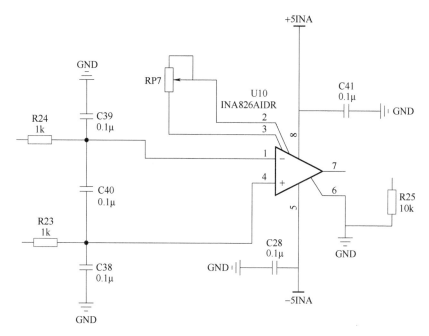

图 2-26　一阶低通滤波电路

传感器固有噪声峰值约为 50μV/Hz，工频噪声为 50Hz，机械振动噪声大于 1kHz，由此可知，将低通滤波电路截止频率设定为 40Hz，电压比较器高、低阈值设置为大于 3.1V 和小于 1.9V，可有效滤除高频、工频与超低频信号的干扰，实现从 1Hz~5kHz 之间的传递过渡与阻塞。同时，在电路设计过程中缩减了传感器与前置放大电路之间的距离，降低了热噪声对传感器信号的干扰。

经低通滤波电路处理后的电压信号较微弱，需通过仪表放大器将信号放大，得到电压与电容值的对应关系。为此，基于仪表放大器 INA826 设计了一级电压放大模块，通过共模抑制，消除了两个输入上具有相同电位的任何信号，实现对输入的直流电压信号的放大，同时，将电容的高阻抗输入转化为低阻抗输出；通过电阻、电容搭建二阶低通滤波电路模块，实现对移栽机作业所产生高频噪声信号的滤除；为解决电路零漂与放大倍数过高导致输出信号失真的问题，基于 OP07CD 搭建了二级电压放大模块，在电路未接入传感器时，将逐级放大的无效信号调零，通过设置截止频率、控制放大倍数，完成对输出信号的优化，其中，为防止放大倍数过高使信号失真，将放大倍数设置为 2。电容式传感器信号调理电路如图 2-27 所示。

3. 电源电路与滤波电路仿真

（1）电源电路仿真　为验证电源电路对开关电源产生的混波等噪声信号干扰有滤除效果，使用 Multisim14.0 重新绘制电源电路并进行仿真。电源仿真电路如图 2-28 所示。

通过设置不同波形、频率、振幅等参数，观察示波器可知，在所设计电源两极加入 II 型 LC 滤波电路，可去除不需要的谐波，减小电流脉动，使电流更平滑。电源电路仿真结果如图 2-29 所示。

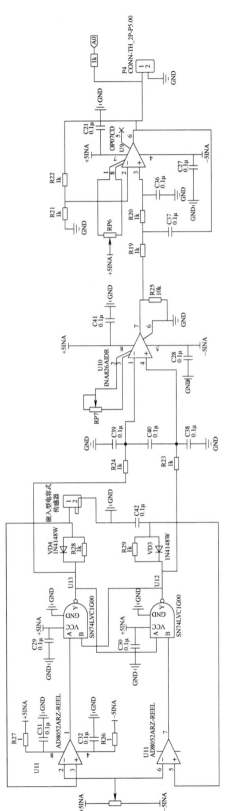

图 2-27 电容式传感器信号调理电路

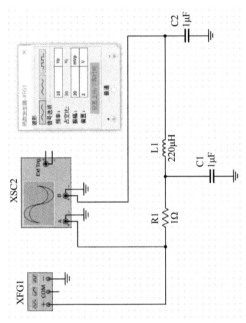

图 2-28 电源仿真电路

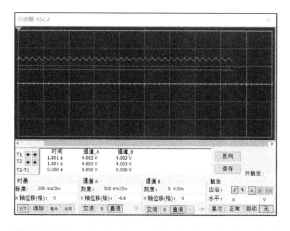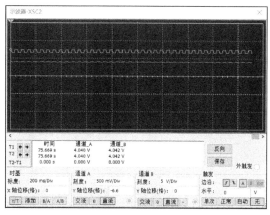
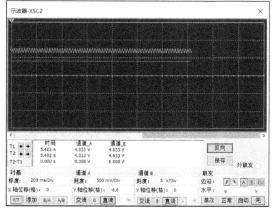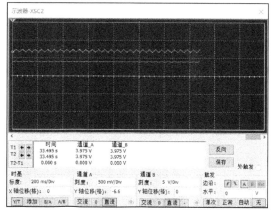

图 2-29　电源电路仿真结果

（2）低通滤波电路仿真　本书所设计的低通滤波电路使用两级滤波，使用 Multisim14.0 绘制滤波电路并进行仿真，如图 2-30 所示。

对低通滤波电路进行仿真，设置高频信号频率为 30kHz，截至信号频率为 45Hz，得到幅频特性曲线。横坐标表示频率，单位为 Hz，纵坐标表示振幅强度，单位为 dB，采用线性分度。由幅频特性曲线可知，经滤波器处理后，高频信号衰减速度快、效果好，可满足夹持力传感器信号采集电路需求。低通滤波电路伯德图如图 2-31 所示。

4. 采集电路与集成电路板设计

本书将嵌入电容信号采集电路与应变信号采集电路结合在一起，通过 P1、P2 端口将信号输出，信号经高速 Micro USB 线缆与计算机等设备相连，软件按需采集处理后显示并存储。

PCB（印制电路板）可实现将电路蚀刻在一张板子同时为电子元器件提供固定、装配的机械支撑。为保证信号稳定，降低硬件电路对信号的干扰，本书选用单层 PCB，将贴片元件集中在一面，导线集中在另一面。在贴片元件一侧将其分为两部分，上半部分为应变式传感器信号采集部分，下半部分为电容式传感器信号采集部分，电源放置在最上端，各去耦电容靠近芯片。PCB 前置电路设计及实物图如图 2-32 所示。

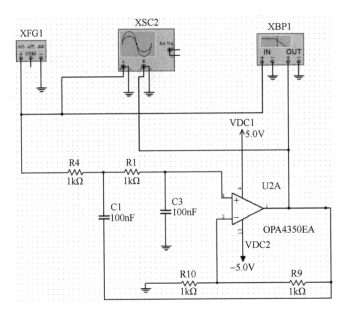

图 2-30　低通滤波仿真电路

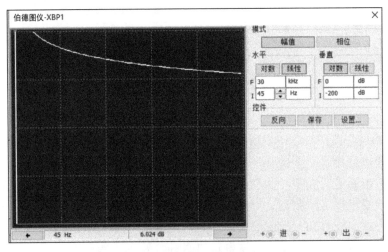

图 2-31　低通滤波电路伯德图

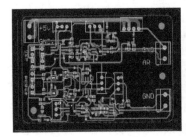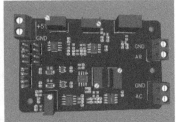

图 2-32　PCB 前置电路设计及实物图

2.3.4　基于 LabVIEW 的传感器监测系统

1. 虚拟仪器开发软件 LabVIEW 简介

LabVIEW 是一种图形化的虚拟仪器开发工具，与 BASIC 和 C 语言这样的开发环境相比，其图形语言（G 语言）简单易懂，有大量的形象化图形界面，如布尔开关、波形图、直方图等，能支持多系统平台运行，可通过调用系统提供的图标与内部集成的参数，根据需求设计流程图。其在调试程序时十分方便灵活，在程序运行中只要有完整的子程序，该程序都可独立运行，而且还在程序运行中显示数据流动，在数据流动的上方设置了运行探针，可在调试过程中清晰地观察数据流动和显示出数据值的大小。为了加快运行速度，LabVIEW 软件内部还设置了程序编译器。在 LabVIEW 程序中含有大量的仪器驱动程序，能提供多种数据采集的串口。

LabVIEW 的程序也叫作虚拟仪器（VI），LabVIEW 软件的 VI 界面由 3 个部分组成，分别是前面板、程序框图、图形化仪器。前面板也叫虚拟面板，是开发技术人员为客户使用设计的界面，有数值、布尔开关、字符串、图形等，用这些图形设计的人机界面直观、形象。程序框图是开发技术人员使用图形化仪器编写程序时使用的界面，编程时直接使用集成函数，如结构（for 循环、while 循环）、数组、数值、比较等函数。图形化仪器如布尔开关、字符串、数组、图形等，在前面板界面设计时使用，可通过所设计软件对处理过的数据进行读取、显示与分析。

2. 信号采集软件设计

电容式传感器的交互界面主要划分为 3 个功能模块——参数设置、数据采集-长时数据、瞬时数据。参数设置模块主要负责采集传感器处理信号的采样率、采样点数，选择显示波形的力学单位、传感器与电路板的接线方式、物理通道及通道灵敏度。数据采集-长时数据模块主要按照参数设置显示夹持力的变化波形，横坐标为时间，纵坐标为力值，且可根据显示情况调整显示范围，使波形更直观、清晰。瞬时数据模块可显示设定时间范围内力值的变化。由于受采样率及采样点数限制，显示波形无法显示所有采样点，故在波形图下方设置均值显示部分，实时显示八通道中已接入传感器所在通道 1s 内采样点力值的均值。由于取苗爪正常工作时，插入钵体基质内取苗的夹持力均处于一个正常范围，每秒内均值周期波动。当取苗爪由于机械故障、振动等异常状况而夹到穴盘苗茎秆、育苗盘等错误位置时，夹持力发生突变，则每秒内均值随之产生异常变化，可为判断取苗爪是否正常工作提供数据支持。夹持力信号采集软件交互界面如图 2-33 所示。

3. 传感器软件程序原理设计分析

嵌入型电容式传感器软件主要处理经硬件电路处理后的稳定电压，按需求采集、处理后显示并存储，其程序框图主要分为数据采集、数据处理和数据保存 3 个部分。数据分析前需进行相关参数设置，数据采集、处理后，按设定保存路径及文件格式保存数据，同时对夹持力波形图实时显示。

数据采集部分主要是对经硬件电路处理后的电压信号进行采集，经 DAQmx 创建任务，确定接线端接线方式、电压信号采集通道，设置压力上下限值。经 DAQmx 采样时钟设置采

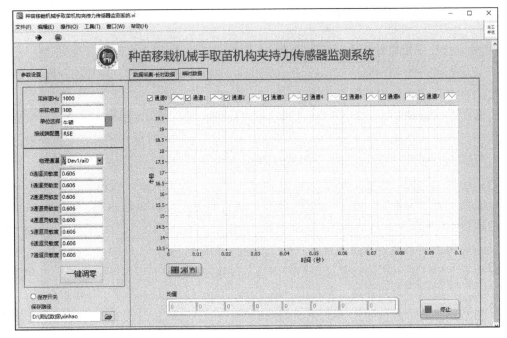

图 2-33　夹持力信号采集软件交互界面

样率、采样点数、连续采样方式，通过板载时钟对获取到的电压信号值按需采集。经开始任务模块，使任务处于开始运行状态，之后创建 while 循环对输出数据进行监控，若程序报错，则显示出来。由于本程序对错误数据不进行采集，故报错后直接清除。数据采集部分程序框图如图 2-34 所示。

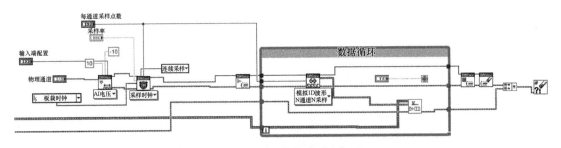

图 2-34　数据采集部分程序框图

数据处理部分主要是对经数据分析后的数据进行处理。整体读取模式选用 while 循环，创建通道，测量电压，选定通道灵敏度与显示单位后，经平均直流-方均根控件计算输入的波形数组的 DC 和 RMS 值，确定波形图表，经幅值和电平测量控件，将输出值与一键调零事件结构相连。当检测到调零按钮按下，所有数据清空并重新采集处理，经 For 循环更改信号的属性名称，将写入信号名称改为默认电压后，获取所有波形名称与值。若连接名称参数，则返回该属性的值，经显示控件将该波形显示，同时所有数据模块与停止控件相连。当检测到停止按钮被按下，所有数据停止处理，并保持显示数据。数据处理部分程序框图如图 2-35所示。

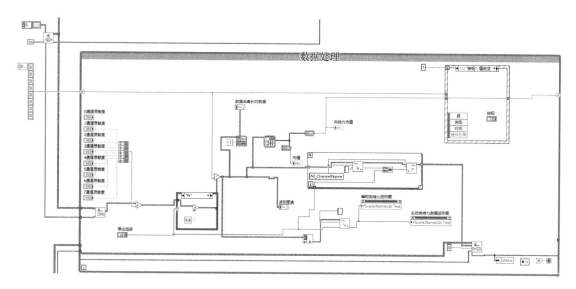

图 2-35　数据处理部分程序框图

数据保存部分主要实现对夹持力数据的保存，可设置保存路径与文件格式，一般默认为 xlsx 格式。实现过程主要是将保存路径拆分，分为名称与被拆分路径，之后创建新路径，将数据输入条件结构判断数据真伪；若为假，则返回原路径；若为真，则进入下一个条件结构判断数据是否错误，若无错误，则进入 while 循环对数据连续保存。当得到停止信号后，停止保存，并将已保存数据在设定路径内形成规定格式。数据保存部分程序框图如图 2-36 所示。

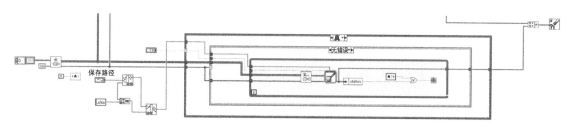

图 2-36　数据保存部分程序框图

将数据采集、数据处理和数据保存 3 个部分连接，运行程序，按需求将各部分组合优化后，嵌入型电容式传感器软件程序框图整体流程图如图 2-37 所示。

2.3.5　传感器参数标定与取苗试验

1. 传感器性能标定试验

（1）标定系统搭建　传感器标定系统主要由函数信号发生器、功率放大器、激振器、夹持力检测传感器、动态力薄膜传感器、动态力采集卡、信号调理电路、信号采集软件、笔记本计算机组成，其结构框图如图 2-38 所示。

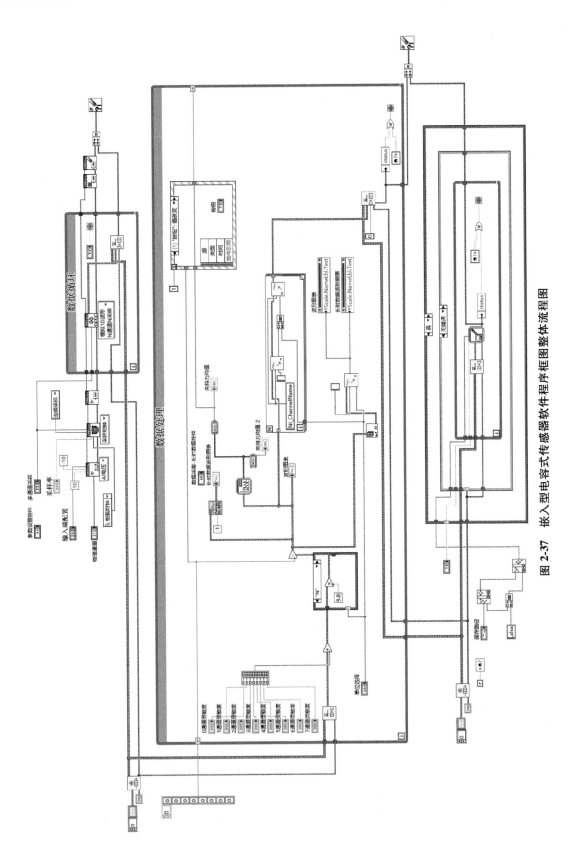

图 2-37　嵌入型电容式传感器软件程序框图整体流程图

函数信号发生器设定输出正弦信号给功率放大器，调整功率放大器增益旋钮对信号进行放大使其具有带负载能力，实现对激振器的驱动控制，激振器接收到信号后产生对应幅度的振动，固定在取苗爪表面的动态力薄膜传感器用来检测激振器施加的力值并通过动态力采集卡传输至计算机端的信号采集软件；同时，夹持力检测传感器受压后将输出的信号经信号调理电路处理后传输至计算机端的信号采集软件，通过对记录的压力信号与电压信号进行拟合，得到校准系数，完成夹持力检测传感器的标定。

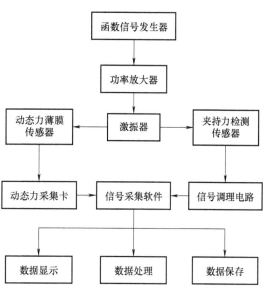

图 2-38　传感器标定系统的结构框图

函数信号发生器为上海广信友达实业有限公司生产的 AFG1022 型函数信号发生器，可设置输出不同频率的标准波形和任意波形；功率放大器为无锡世敖科技有限公司生产的 SA-PA010 型功率放大器；激振器采用无锡世敖科技有限公司生产的 SA-JZ00 型激振器，最大激振行程为 6mm，最大激振力为 20N；动态力薄膜传感器采用苏州能斯达电子科技有限公司生产的 SF15-54 型传感器，最大量程为 100N；动态力采集卡采用上海澄科电子科技有限公司生产的 NI6002 型采集卡，可实现多路数据信号同时采集。

（2）标定方法　嵌入型电容式传感器标定试验过程中，设置函数信号发生器产生频率为 0.8Hz、1Hz、1.2Hz 的正弦信号，分别代表取苗爪在 40 株/min、50 株/min 与 60 株/min 取苗速率下所受振荡频率，通过改变功率放大器增益使激振器顶杆上行距离变化，使夹持力检测传感器的加载力发生改变。本试验中，考虑到传感器量程及钵苗压实点范围，在 0~7N 范围内加载力。通过固定在取苗爪表面的动态力薄膜传感器检测该压力值，并通过动态力采集卡传输至计算机端的信号采集软件。

（3）标定结果分析　由夹持力检测传感器标定试验与相关钵体的力学特性，得到传感器测量范围为 0~7N，即量程为 7N；对应输出电压测量范围为 0~3.5V，即量程为 3.5V。

传感器的灵敏度是指输出电压变化 Δy 与输入的变化量 Δx 之比，它是输出特性曲线的斜率，通常用 S 表示，其计算公式为

$$S = \lim_{n \to \infty} \frac{\Delta y}{\Delta x} = \frac{\mathrm{d}y}{\mathrm{d}x} \qquad (2-8)$$

求得设计传感器在 0.8Hz、1Hz、1.2Hz 的灵敏度分别为 0.3945V/N、0.3618V/N、0.3622V/N，平均灵敏度为 0.3728V/N。

传感器精度 P 是指传感器在其量程范围内的最大误差与满量程输出的百分比，其计算公式为

$$P = \pm \frac{\Delta A}{Y_{\mathrm{FS}}} \times 100\% \qquad (2-9)$$

式中，ΔA 表示测量范围内的最大误差；Y_{FS} 表示传感器的满量程夹持力值。

经分析计算，得到在 0.8Hz、1Hz、1.2Hz 频率下夹持力检测传感器的基本误差分别为 0.1462V、0.2642V、0.1915V，经计算得传感器的精度分别为 4.177%、7.548%、0.547%，则传感器精度为 7.548%。

拟合结果表明，所设计传感器在不同频率的力冲击下，线性决定系数分别为 0.9897、0.9927、0.9852，平均线性决定系数为 0.9892。由此可知，夹持力检测传感器所受压力与输出电压呈高度线性关系，且每次试验传感器灵敏度相差较小，证明传感器在设计测量范围内具有良好的稳定性与重复性。

2. 传感器性能验证试验

对传感器标定完成后，为验证嵌入式夹持力检测传感器的稳定性与可靠性，在全自动蔬菜钵苗移栽机样机上进行取苗夹持力检测试验，试验现场如图 2-39 所示。

（1）试验材料与设备　试验选用洛阳市诚研辣椒研究所培育的炽焰 2 号辣椒苗，苗龄为 45 天，苗高 8~12cm；育苗盘采用 128 孔穴盘，穴盘整体尺寸为 54mm×280mm，穴孔横截面为正方形，纵截面为倒梯形，上口径为 32mm，下口径为 13mm，高度为 42mm；穴盘基质主要成分泥炭、蛭石、珍珠岩按照配比 6：3：1 混合，钵体含水率为 60%。试验系统由全自动移栽机试验台、一体化取苗夹持力检测传感器、信号采集处理硬件电路、夹持力信号检测软件及笔记本计算机组成。

（2）试验方法　根据工业和信息化部发布的现行标准 JB/T 10291—2013《旱地栽植机械》及移栽

图 2-39　夹持力检测室内试验现场

机实际作业状况，通过全自动蔬菜钵苗移栽机试验台控制单个取苗爪以 40 株/min、50 株/min、60 株/min 的取苗频率进行取苗作业，每次试验夹取 128 株穴盘苗，重复 5 次，共计进行 15 组试验。统计在不同取苗频率下夹持力的均值、标准差、极差，分析传感器稳定性，以正常完成取投动作且钵体破损程度在规定范围内的作为取投苗成功的依据，统计每次试验的成功率，研究传感器在作业状态下的适应性。试验结果统计见表 2-3。

表 2-3　钵苗移栽机取苗夹持力试验结果

频率/（株/min）	编号	均值/N	标准差/N	极差/N	取苗成功率（%）
40	1	3.42	0.089	0.46	98.8
	2	3.68	0.096	0.43	98.2
	3	3.24	0.092	0.55	99.3
	4	3.28	0.085	0.63	99.2
	5	3.57	0.087	0.57	99.6

（续）

频率/（株/min）	编号	均值/N	标准差/N	极差/N	取苗成功率（%）
50	1	3.75	0.095	0.47	100
	2	3.81	0.106	0.61	98.3
	3	3.26	0.094	0.71	99.6
	4	3.53	0.095	0.68	100
	5	3.79	0.091	0.66	98.7
60	1	3.75	0.097	0.62	98.6
	2	3.89	0.102	0.68	99.3
	3	3.91	0.113	0.72	98.1
	4	4.03	0.124	0.93	97.5
	5	3.98	0.103	0.89	97.8

（3）结果分析　通过分析表 2-3 中数据可知，不同取苗频率下的 15 组试验测得夹持力范围均值在 3.24~4.03N 之间，标准差在 0.085~0.124N 之间，极差在 0.43~0.93N 之间；取苗频率为 40 株/min、50 株/min、60 株/min 时检测到夹持力均值分别为 3.44N、3.63N、3.91N，极差均值分别为 0.53N、0.63N、0.77N，取苗成功率分别为 99.02%、99.32%、98.26%。结果表明，通过嵌入型电容式传感器与应变式传感器进行取苗夹持力检测时，测量值偏差多介于 0.2N 范围内，可进行互相标定以实现对取苗全过程夹持力值的检测。所设计传感器在不同取苗频率下具有较好的稳定性、一致性。同时，在试验过程中也发现了如下问题：

1）随着取苗频率增加，取苗成功率也随之降低。造成此种现象的原因主要是移栽机高速运转时无法保证机械结构的稳定性。要突破制约移栽技术发展的高速、稳定的瓶颈，不仅要通过检测取苗夹持力提高机器自主感知能力，还要对移栽机的机械机构进行改进优化。

2）随着取苗频率增加，检测到取苗爪夹持力均值呈现增大趋势，且夹持力数值附近有较多的扰动值。这是由于随着取苗频率的加快，取苗爪对钵体基质的夹持冲击作用增大，同时钵体基质成分分布不均匀，取苗爪在插入钵体过程中会突然受阻。在后续优化中，可通过软硬件结合的方式，调整滤波范围，降低干扰。

2.4　基于机器学习的垄作导航系统研究

移栽作业中，垄作是一种常用的增产方式。垄作对土壤进行整备的特点，使得作业环境具备了一定的结构性，即垄型一致、垄体分明，这种作业环境为移栽机具的自主导航行走提供了环境参数支撑。

垄行路径中心线的获取是完成视觉导航研究的重点问题，其获取的准确性将直接影响导航结果。本节主要研究在不同的自然环境下如何稳定获取大田垄行路径中心线。首先通过相机视角采集不同环境下的垄行照片，将采集的照片导入到优化的模型中进行训练，再对输出的结果进行分析和评价，采取消融实验和不同模型的对比实验来验证模型的性能。然后通过获取导航特征点和拟合导航中心线，最后利用田间实验对本书研究的方法进行实验和分析。整体流程如图 2-40 所示，具体步骤如下：

1）数据的获取。机器人在垄上移动，通过相机进行环境图像采集。

2）数据集的处理。将获取的垄行数据集进行数据标注、数据增强等数据预处理操作，提高垄行数据集的质量和泛化性，得到图像与标签图一一对应的数据集。

3）模型构建与训练。构建 Res2Net50-SE-ASPP 训练模型，在垄行数据集上完成网络训练，得到垄行预测模型。

4）将垄行图像输入到训练模型中，经过模型的数据处理，获得垄行语义预测标签图。

5）用获取的分割掩码进行特征点提取，并以最小二乘法拟合直线方程。

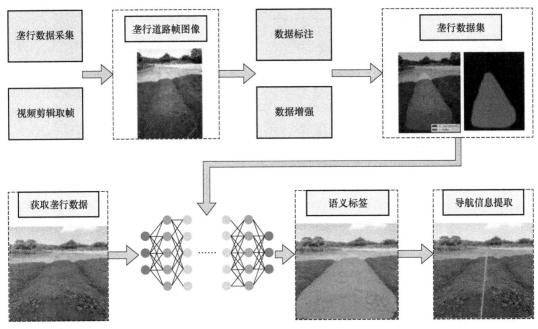

图 2-40 整体流程

2.4.1 基于 Res2Net50 的模型优化

使用深度神经网络进行图像处理作业时，模型的建立和训练往往会涉及多个卷积层、池化层的使用，每层的特征都是由上一层获取的。因此，随着网络层数的不断累加，卷积层、池化层的使用也在不断增加，从而导致出现网络退化等问题。本节采用 ResNet 模型作为基础模型进行结构优化和改进，可以有效地避免深度神经网络带来的一系列问题。

1. 深度学习的基本运算方式

（1）卷积操作　卷积层的作用就是提取图片中的信息，这些信息是由图像中的每个像素通过组合或者独立的方式来体现的。卷积操作作为基础的神经网络操作，在其中有着无可替代的作用。卷积的实质就是数学的一种运算方式，如图 2-41 所示。假设输入图像（即输入数据）是图中左侧 5×5 的矩阵，其对应的卷积核为一个 3×3 的矩阵，卷积操作每进行一次，卷积核就在输入数据矩阵的基础上移动一个像素位置，即卷积核步长为 1。

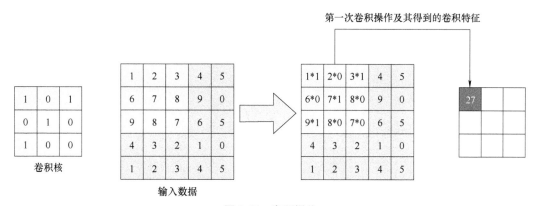

图 2-41　卷积操作

（2）池化操作　池化层的作用是对卷积层中提取的特征进行挑选。如图 2-42 所示，常见的池化操作有最大池化和平均池化。池化层是由 $n×n$ 大小的矩阵窗口滑动来进行计算的，类似于卷积层，只不过不是做互相关运算，而是求 $n×n$ 大小的矩阵中的最大值、平均值等。图 2-42 中，最大池化层的作用就是挑选出 2×2 滑动窗口中最大的那个值，平均池化就是将2×2 滑动窗口中的值求解平均。这样做的优点在于可对特征进行降维、提高感受野、减少计算量。

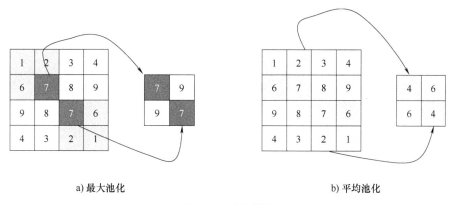

a) 最大池化　　　　　　　　　　　　　　b) 平均池化

图 2-42　池化操作

（3）ReLU 激活函数　激活函数就是负责将神经元的输入映射到输出端。常用的激活函数有 Sigmoid 函数、Tanh 函数、ReLU 函数等，如图 2-43 所示，它们的表达式分别为

$$f(x) = \frac{1}{1+e^{-x}} \tag{2-10}$$

$$f(x) = \tanh(x) = \frac{e^x - e^{-x}}{e^x + e^{-x}} \tag{2-11}$$

$$f(x) = \max(0, x) = \begin{cases} x, x \geq 0 \\ 0, x < 0 \end{cases} \tag{2-12}$$

相比于 Sigmoid 函数和 Tanh 函数作为激活函数，ReLU 函数可以加速收敛。在优化时，不像 Sigmoid 函数的两端饱和，ReLU 函数为左饱和函数，且在 $x>0$ 时导数为 1，而且导数也好求，在一定程度上能解决梯度消失的问题，加速梯度下降的收敛速度。因此，本节内容选

取 ReLU 函数作为激活函数。从图 2-43c 中的图像可知，ReLU 函数是分段线性函数。

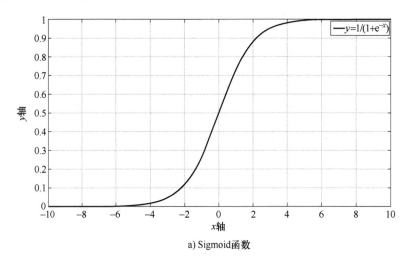

a) Sigmoid函数

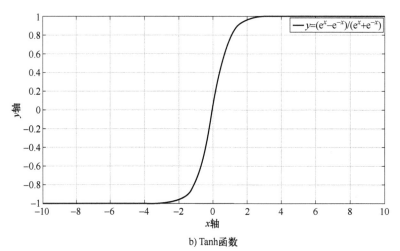

b) Tanh函数

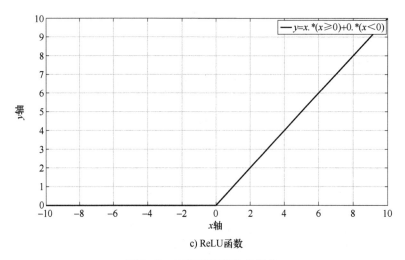

c) ReLU函数

图 2-43　不同激活函数的图像

2. ResNet50 和 Res2Net50 结构

ResNet（Residual Network，残差网络）是由何恺明等人在 2015 年提出的。运用 ResNet 能够训练更深的网络模型，ResNet 模型就是通过很多个残差块构建而成的。

ResNet 模型会先经过 7×7 的卷积层，随后再经过一个 3×3 的最大化下采样，再通过 4 个残差块，最后经过一个平均下采样和一个全连接层，再输出。

图 2-44 和图 2-45 所示分别为 ResNet50 结构的残差块和 ResNet50 结构。图 2-44 中，左边的残差块在入口处的一个卷积层的步长选择为 1，它的作用就是进行降维，不负责图像尺寸的变化，而第二个卷积层才负责图像尺寸的变化。左边的残差块为尺寸改变的残差块，输出特征图的尺寸为输入特征图尺寸的一半；右边的残差块为尺寸不变的残差块，即输入特征图的尺寸等于输出特征图的尺寸。

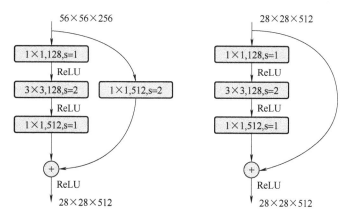

图 2-44　ResNet50 结构的残差块

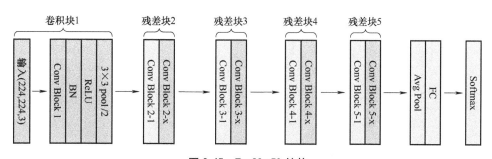

图 2-45　ResNet50 结构

注：BN—Batch Normalization，批归一化。

（1）Res2Net 的残差块　Res2Net50 模型的残差块如图 2-46 所示。BTNK1 为尺寸改变的残差块，输出特征图的尺寸为输入特征图尺寸的一半。BTNK2 为不改变尺寸的残差块，即输入特征图的尺寸等于输出特征图的尺寸。相较于 ResNet，不同的是 Res2Net 模型是在 ResNet 基础上先将网络结构进行分组，再进行后续残差操作。其操作流程先是将输入特征分组，其中一组先通过滤波器进行卷积操作提取输入的特征，再将下一组准备进行卷积的输入特征和上一组已经提取的特征一起输入到下一个滤波器，依次重复进行上述操作，最后进行特征图连接，并将连接好的特征图传递到下一个 1×1 的滤波器融合所有特征。这样在每个残差块内都会对特征进行分割，并对分割特征进行不同尺度的特征提取后再进行拼接融合，从而增加了每个网络层的感受野。

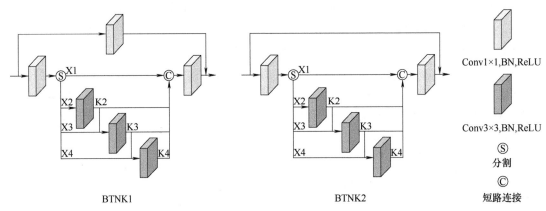

图 2-46　Res2Net50 模型的残差块

（2）SE 注意力机制　Res2Net50 引入组内残差块后，会对特征进行过度细小化提取，使得模型参数量增加。因此，将引入的 SE（Sequeeze and Excitation，压缩和激励）注意力机制作为降低参数量的方法，使得该模型加强对垄行信息特征的关注，而忽略掉一些无用的大田背景特征信息，从而获取关键信息、降低参数量。

如图 2-47 和图 2-48 所示，将 SE 注意力机制插入到 Res2Net50 残差块中，SE 模型将残差块输出的特征图进行处理。假设特征图的尺寸为 $C×H×W$，其中 C、H、W 分别为特征图的通道数、特征图高、特征图宽。首先 SE 模块通过全局平均池化（Global Average Pooling，GAP）操作对输入特征图进行处理，经过 GAP 操作后的特征图大小将变为 $1×1×C$。SE 模块使用一个全连接层将 GAP 后的特征图的通道数降维，降维比例为 r（通常，$r=16$）。因此，第一个全连接层的输入尺寸为 $1×1×C$，输出尺寸为 $1×1×(C/r)$。SE 模块再使用另一个全连接层将特征图的通道数恢复到原始通道数 C。因此，第二个全连接层的输入尺寸为 $1×1×(C/r)$，输出尺寸为 $1×1×C$。将 SE 模块的输出（即通道注意力权重）与输入特征图逐通道相乘，通过这样的操作可以让模型关注到更重要的通道特征，进而提高模型的性能。输出特征图的尺寸与输入特征图的尺寸相同，即 $C×H×W$。

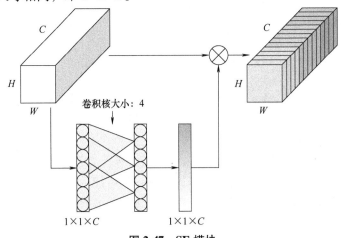

图 2-47　SE 模块

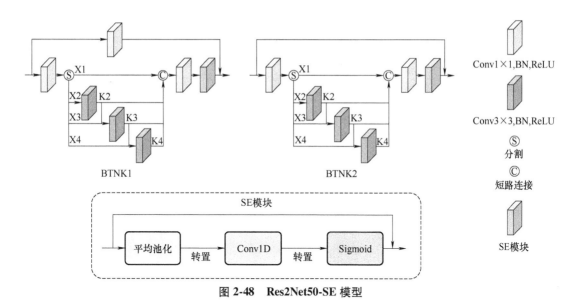

图 2-48　Res2Net50-SE 模型

SE 模块的计算公式如下：

$$Z_c = \frac{1}{WH}\sum_{i=1}^{W}\sum_{j=1}^{H} U_c(i,j) \tag{2-13}$$

$$S = F_{ex}(Z_c, W_i) = \sigma(W(Z_c)) \tag{2-14}$$

$$O_c = F_{scale}(U_c, S_c) = U_c S_c \tag{2-15}$$

式中，Z_c 为输出特征图；U_c 为输入特征图；W、H 为特征图宽和高；(i,j) 为特征图上的坐标位置；S 为通道间权重调整参数；$F_{ex}()$ 为激励（Excitation）操作；σ 为函数；$W()$ 为一维卷积；O_c 为调整后的输出特征图；F_{scale} 为特征图重新标定；S_c 为第 c 个特征图权重调整参数。

Res2Net50 是一种基于 ResNet50 的改进型网络，其在 ResNet50 基础上引入了一个分层特征重组的结构。Res2Net50 的残差块由 3 个卷积层（尺寸为 1×1、3×3、1×1）和一个恒等变换组成。在此基础上，可以将 SE 模块嵌入到每个残差块中。具体来说，SE 模块的嵌入位置放在第 2 个 3×3 卷积层之后、第 3 个 1×1 卷积层之前。

（3）特征金字塔　ASPP（空洞空间金字塔池化）模块的使用可以增大卷积核的感受野，进而有效地提取多尺度物体的特征，如图 2-49 所示。ASPP 是对 Res2Net50 输出的最高特征进行处理，由于其结构存在扩张率不同的空洞卷积，能够记录尺度不同的图像感受野信息，在 Res2Net50 的基础上进一步提升图像分割的效果。ASPP 结构主要由 5 个 DAblock 串联构成，DAblock 由空洞卷积层、两个批归一化层和两个 ReLU 激活层共同组成。本书使用 5 个 DAblock 的空洞卷积膨胀率（Rate），按照顺序分别为 3、6、12、18、24。进行运算时，将输入的特征进行 GAP 操作，再按照顺序依次通过 5 个 DAblock 进行特征提取，将每个 DAblock 的输入特征和输出特征进行拼接后作为下一个 DAblock 的输入，最后经过一个卷积模块得到 ASPP 输出。

（4）模型网络框架　改进的 Res2Net50 对垄行图像检测程序的描述如图 2-50 所示。第一步是通过数据增强等预处理操作将垄行数据输入图像转换为 320×432 像素，并输入到本书模型中。然后残差块从垄行图像中提取高级特征。SE 注意力机制使得模型对信息量大的通道特征分配更多的权重，对信息量少的通道特征分配更少的权重，从而抑制背景因素的影响。ASPP 再对 Res2Net50-SE 模型输出的最高特征进一步扩大网络模型的感受野，获取更大

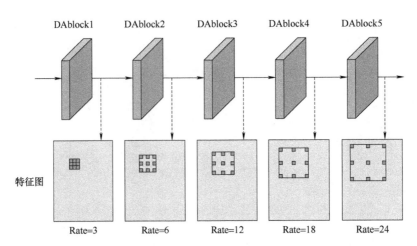

图 2-49 ASPP 模块

范围的上下文信息。在特征提取过程中，通过跳跃连接，将如第 X1 层的边缘纹理特征传递到深层，以辅助末层特征图在识别物体边界时进行更精细的信息划分，显著提高对农作物垄行分割的准确性。特征 X2 则通过 ASPP 继续提取高维的特征信息，最后对 X1、X2 进行特征融合，通过上采样实现最终的图像分割。

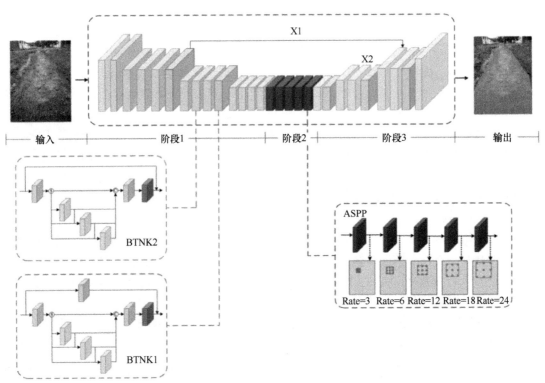

图 2-50 改进的 Res2Net50 网络框架

分割模型过程中提取的特征图如图 2-51 所示。为进一步剖析本书优化后的 ResNet50 模型中卷积层的工作原理，分别将其中网络结构的不同卷积层和残差块的结果进行可视化的表达。通过沿通道维度计算特征图的平均值并对结果进行归一化（也是经过每层神经网络处理后输入图像获得的输出特征图）可以看出，下采样（①～⑧）的前半部分将图像分为两类（红色为脊特征部分，蓝色为行间背景部分），上采样（⑨和⑩）的后半部分寻找不同的分类边界。

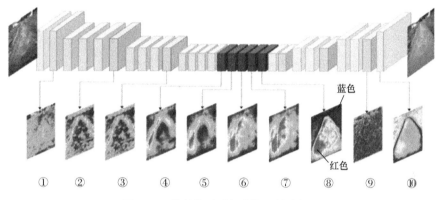

图 2-51　分割模型过程中提取的特征图

2.4.2　改进 Res2Net50 识别模型训练

1. 训练环境

训练语义分割模型能够在大样本数据集中学习关于大田垄行的信息，其训练结果的质量直接决定了作物行分割的效果。本书实验网络模型的操作平台为台式计算机，内存为 16GB，操作系统为 Windows 10。开发环境为 Python 3.8.13，Anaconda 1.9.12，Windows 10 64 位操作系统。采用 PyTorch 深度学习框架，经反复测试得到最佳配置超参数：学习率为 0.0001，批大小（Batchsize）为 16，选用交叉熵（Cross Entropy）损失函数，评价指标为 MIoU（Mean Intersection over Union，平均交并比），优化器选择 Adam。由于输入到改进模型的垄行图像大小为 3000×4000 像素，图像太大会让模型网络参数量增大，训练时间变长，而图像太小重要的特征纹理信息会丢失。为解决上述问题，将原始垄行图像大小压缩为 320×432 像素，作为网络输入。

2. 参数优化对模型的影响

通过比较不同学习率、批大小对模型损失的影响，明确学习率、批大小的值。设计以下两个控制实验：实验 1 比较不同学习率对模型性能的影响，实验 2 比较不同批大小对模型性能的影响。

（1）学习率对模型性能的影响　在 Adam 优化算法中，初始学习率肯定存在一个最优值。设置的学习率过高，会让模型难以收敛；设置的学习率太小，会错失最优解和导致模型不收敛。因此，选取不同数量级的参数值来比较模型的训练效果。选定批大小为 16 时，学习率分别选取 0.1、0.01、0.001、0.0001、0.00001 进行模型训练。不同学习率对模型性能的影响如图 2-52 所示。

由图 2-52 可知，当学习率为 0.1 时，模型不仅收敛缓慢而且损失值也是最大的；当学

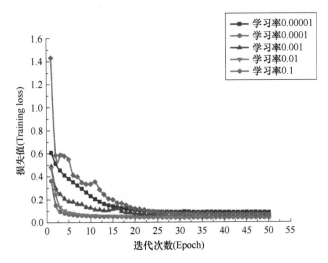

图 2-52　不同学习率对模型性能的影响

习率为 0.001、0.00001 时，模型相比于其他学习参数收敛更加缓慢；当学习率为 0.01、0.0001 时，模型收敛良好，但是整体学习率为 0.0001 时模型产生的损失值是要小于学习率为 0.01 时。在 50 轮训练后，以 0.0001 的学习率对模型进行了最高精度的测试。因此，在模型的训练期间，学习率设置为 0.0001。

（2）批大小对模型性能的影响　批大小是一次训练所选取的样本数，其取值会直接影响硬件的使用情况和模型的训练速度。为进一步获得更好的模型训练参数，批大小的取值也必须考虑。当确定了学习率为 0.0001 后，分别取批大小为 8、16、24 进行模型训练。

由图 2-53 可知，批大小为 8、16、24 均能够完成训练。但是当批大小选择 24 时，模型在训练的过程中当前设备不能满足其正常运行条件，会出现偶尔卡退。当批大小选择为 16 时，模型收敛较快，能获得较低的损失值。当批大小选择为 8 时，能获得较低的损失值，模型收敛较快，但对硬件的利用不足。综上，在内存允许范围内，批大小选择 16 能够获得较好的训练效果。

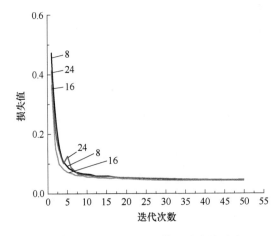

图 2-53　不同批大小对模型性能的影响

3. 改进 Res2Net50 识别模型的评估

（1）损失函数　损失函数能够估量模型的预测值与真实值不一致的程度，损失函数越小，模型的鲁棒性越好。合适的网络模型损失函数将有益于网络模型的训练。本次模型训练采用机器学习中常用的交叉熵损失。

由图 2-54 可以看出，测试集和训练集的损失值在迭代次数为 0~10 区间内下降明显，当迭代次数在区间 10~50 内时训练集损失的变化逐渐趋于平稳收敛，并且训练集的损失值始终小于测试集。

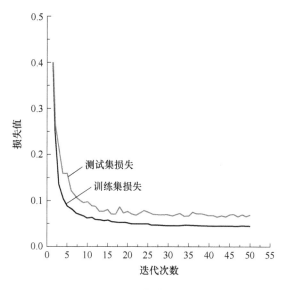

图 2-54　损失函数

（2）语义分割模型评价指标　为评价图像语义分割算法的分割精度，本书选取 MIoU、F-measure（F）值对算法性能进行衡量和比较。具体计算公式如下：

$$MIoU = \frac{1}{k+1} \sum_{i=0}^{k} \frac{p_{ii}}{\sum_{j=0}^{k} p_{ij} + \sum_{j=0}^{k} p_{ji} - p_{ii}} \tag{2-16}$$

$$F = \frac{2PR}{P+R} \tag{2-17}$$

$$R = \sum_{i=0}^{k} \frac{p_{ii}}{\sum_{j=0}^{k} p_{ji} + p_{ii}} \tag{2-18}$$

$$P = \sum_{i=0}^{k} \frac{p_{ii}}{\sum_{j=0}^{k} p_{ij} + p_{ii}} \tag{2-19}$$

式中，$k+1$ 表示 k 语义类别和背景类别；p_{ii} 表示第 i 个语义类别被预测为第 i 个类别；p_{ij} 表示第 i 个语义类别被预测为第 j 个类别，这是错误分类的正样本；p_{ji} 表示第 j 个语义类别被预测为第 i 个类别，这是错误分类的负样本；P 表示精确率；R 表示召回率。

（3）训练流程　在 PyTorch 深度学习环境下搭建模型框架，模型训练流程如图 2-55 所示。

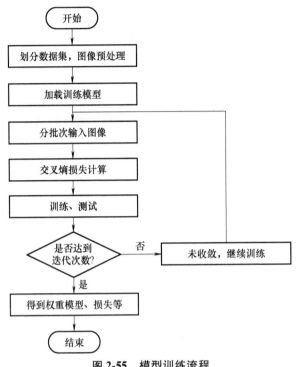

图 2-55　模型训练流程

首先将采集的垄行数据集加载到 PyTorch 深度学习框架中去，经过数据处理随机将数据集按照 3∶1∶1 的比例划分为训练集、验证集、测试集，然后加载到预训练模型。模型训练时，选择 Adam 优化器自适应地更新模型参数，设置批大小为 16，迭代次数为 50，在训练过程中，随着交叉熵损失函数的值逐渐减少，模型的预测精度逐渐提高。为防止模型发生过度拟合的情况，选择早停止（Early Stopping）策略。当验证集损失逐渐趋于稳定或者开始上升时停止模型训练，将此刻保存在验证集中测试精度最高的模型权重作为训练结果。

（4）消融实验　为验证本书融合 ASPP 模块和 SE 模块对垄行预测模型的影响，进行了消融实验。实验分为 4 组，以采用 Res2Net50 模型（实验组 0）的结果作为对照指标，实验组 1、实验组 2、实验组 3 中分别添加 ASPP 模块和 SE 模块、添加 ASPP 模块、添加 SE 模块，然后再分别进行实验比较。

消融实验结果表明，单独采用 Res2Net50 模型进行预测时，其评价指标 MIoU 和 F-measure 值均低于其他网络模型，相较于本书模型其 MIoU 和 F-measure 值分别降低 0.157、0.061，显然是达不到理想的要求，不适合用在大田垄行路径预测当中。当单独加入 ASPP 模块时，MIoU 和 F-measure 值分别提高 8%、4.32%，因为 ASPP 可以对 Res2Net50 输出的最高特征图进一步提取高层特征，提高了模型预测结果的精确性。当单独加入 SE 模块时，MIoU 和 F-measure 值分别提高 8.51%、6.38%，这是因为加入注意力机制能够提高模型在预测时加强对垄行重要特征通道的关注，避免了其他噪声的影响。结果表明，在引入 ASPP 模块和 SE 模块后模型具有更强的特征提取能力和较高的提取精度。

4. 导航参数获取结果

前面内容已经可以对田间垄行道路进行模型预测，接下来就是根据垄行边缘特征点进行导航中心线的提取。霍夫（Hough）变换、最小二乘法是目前常用的直线拟合方法。霍夫变换拟合直线虽然具有良好的精度，但是消耗的时间长、算法复杂、计算量大。基于本书需要实时性和准确性，垄行特征明显并且道路规则，检测的目标像素点数量有限，因此，选择采用速度快且抗干扰能力强的最小二乘法来拟合垄行中心线。

首先要将白色连通域识别为具有坐标的路径位置，这里采用隔行扫描的方式来确定边界点。扫描的位置越多，导航线最终拟合的结果也就越精确。先确定逐行扫描的间隔 k，然后依次进行水平扫描处理，遍历每条水平线所在坐标的像素值。当且仅当该像素点从黑色变成白色时，当前的坐标信息会记录为垄行的左边界 $P(x_p, y_p)$。同理，当且仅当该像素点从白色变成黑色时，当前的坐标信息会记录为垄行的右边界 $Q(x_q, y_q)$。设 $P(x_p, y_p)$ 为左侧路径边缘线上的任意一点，$Q(x_q, y_q)$ 为右侧路径边缘线上的任意一点，$C(x_c, y_c)$ 为 P 点和 Q 点几何中点。直线方程计算公式如下：

$$y = kx + b \tag{2-20}$$

使用最小二乘法估计参数时，要求观测值 y_c 偏差的加权平方和为最小，即使下式最小：

$$J_{\min} = \sum_{c=1}^{N} \left[y_c - (a + bx_c) \right]^2 \tag{2-21}$$

分别对 k、b 求导得

$$\begin{cases} kN + b \sum x_c = \sum y_c \\ a \sum x_c + b \sum x_c^2 = \sum x_c y_c \end{cases} \tag{2-22}$$

解得最佳参数 k_n、b_n，得到直线方程为

$$y = k_n x + b_n \tag{2-23}$$

（1）不同模型的检测性能对比　为了更好地体现本书模型的优化效果，在相同的实验条件下，采用 VGG、UNet、ResNet 3 种不同的模型对垄行数据集进行测试和训练。设置以下模型参数：训练轮数为 250，学习率为 0.0001，批大小为 16。在此基础上，本书的优化后模型的 MIoU 和 F-measure 值分别提高了 90% 和 72%。尽管使用此算法预测单个图像所需的时间是理想的，但由于参数众多，其训练时间很长。与 VGG 模型、UNet 模型和 ResNet 模型相比，优化后模型的速度分别提高了 67%、71% 和 57%。图 2-56 中分别是 UNet 模型、VGG 模型、Res2Net50 模型和本书模型处理的结果。图 2-56b 清楚地表明，VGG 模型对同一图像的识别性能不达标，将垄行目标外的其他背景元素也识别为特征目标，导致分割任务达不到标准。与 VGG 模型相比，Res2Net50 和 UNet 识别模型更擅长分割，并且可以识别垄行特征。由于 ResNet 模型和 UNet 模型无法进一步提取高级语义信息的结果，分割掩码包含错误。4 种模型的损失函数曲线如图 2-57 所示。损失函数可以表达出模型预测结果和实际结果之间的差异程度，可通过降低损失函数提高模型的泛化性。

从图 2-57 可以看出，本书改进的模型不仅收敛速度快，而且损失值小，可以很好地识别垄行特征。在上述模型中，VGG 模型效果最差，收敛缓慢，损失值较大。Res2Net50 和 UNet 模型具有相似的收敛速度，需要训练 200 轮才能收敛，并且损失值大于优化算法。因此，本书改进的算法在评价指标和训练损失值方面是最优的。

（2）算法性能结果　为了获得垄行的导航线，提取导航参数，在建立上述算法的基础上构建了垄行导航线识别系统，它主要由计算机端、视觉传感器、运动底盘构成。视觉传感器位于运动底盘的正前方，视觉角度与水平面成 45°夹角，距离地面 0.45m 左右。整个流程均以 0.5m/s 的速度进行实验数据提取。首先通过视觉传感器得到采集的垄行数据图片，再通过计

算机端使用深度学习算法将垄行数据进行实时处理，不同角度的具体处理结果如图 2-58 所示。

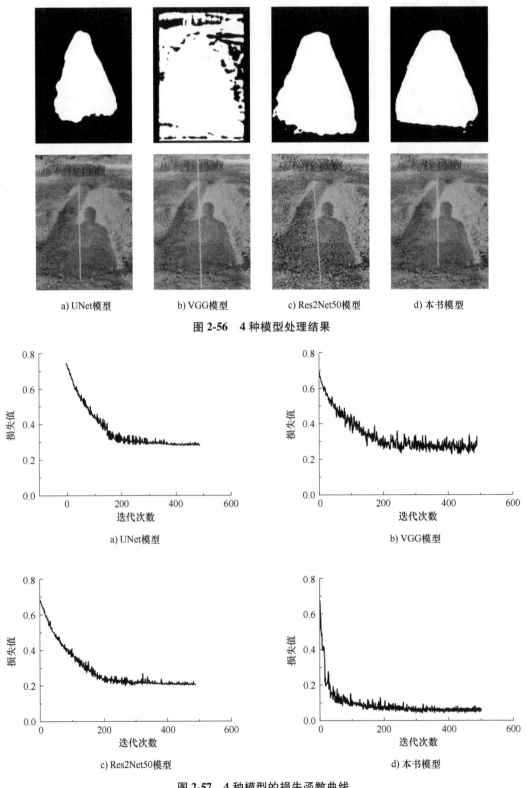

图 2-56　4 种模型处理结果

图 2-57　4 种模型的损失函数曲线

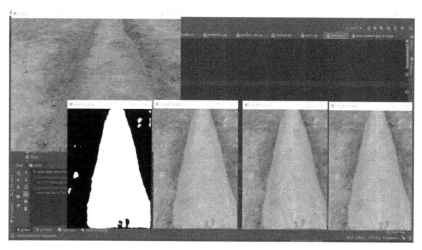

a) 45°处理结果

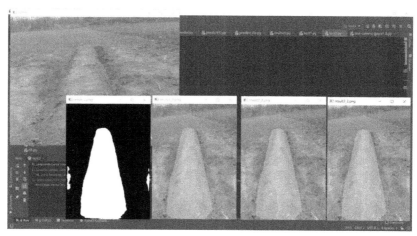

b) 50°处理结果

图 2-58 不同角度的具体处理结果

2.5 基于深度学习的钵苗移栽直立度检测

直立度是移栽作业质量的关键评价指标之一，通常受栽插姿态影响。机器进行栽插作业时，直立度信息无法获取，因此栽插参数无法调整，导致机具效能下降。

2.5.1 栽植机构及其工作原理

钵苗栽插姿态是由栽植机构与土壤相互作用形成的，栽植机构的形式与动作轨迹是影响栽插姿态的主要因素。本书基于鸭嘴打穴式栽植机构的打穴栽植轨迹与动作特点，提出栽插姿态监测方案。鸭嘴打穴式栽植机构的工作原理如图 2-59 所示。在进行栽植动作时，行星轮系装置提供动力，带动凸轮摇杆装置工作。在滑槽机构的约束作用下，鸭嘴打穴式栽植机构随着凸轮摇杆装置的运动以一定的轨迹完成栽植作业。在最高点时钵苗落入鸭嘴栽插器中，到最低点时，进行打开动作释放钵苗，完成一次栽插操作。然而，受机械化栽植动作及整机前进影响，栽植的钵苗易受到鸭嘴机构回带而产生前倾现象，这是影响直立度的主要因素。

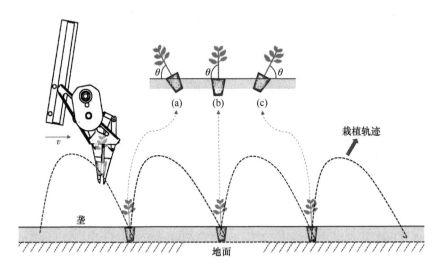

图 2-59　鸭嘴打穴式栽植机构的工作原理

2.5.2　直立度评价

直立度是指钵苗在被鸭嘴栽插器释放后的栽插状态，以栽植后钵苗与地面的水平夹角 θ 表示。通常移栽后钵苗在移栽机前进方向上产生倾斜角度，试验采用游标万能角度尺（精度为 1°）测定移栽后钵苗主茎与地面的夹角。直立度测定参照 JB/T 10291—2013《旱地栽植机械》，同时还依据蔬菜钵苗移栽农艺要求。直立度判定标准见表 2-4。

表 2-4　直立度判定标准

θ 范围/(°)	判定
(0,45]	不合格
(45,75]	合格
(75,90]	优良

2.5.3　数据集建立

基于直立度影响因素分析，以栽植行进方向的垂直面为采集视野，采集视线位于钵苗水平方向，采集了田间栽插环境下的钵苗栽插姿态数据。依据深度学习要求，使用 Sony DSC-H300 相机采集了不同光照强度下的田间栽插姿态照片，共采集 2284 张，并统一裁剪为 2048×2048 像素。为避免算法训练产生过拟合，使用数据增强扩充数据集，通过 CycleGAN（循环生成对抗网络）、水平镜像、对比度调节、高斯噪声等方式将数据集扩充至 6852 张。

使用图像标注工具 LabelImg 对图片中的茎秆进行标注，标签设置为 Stem。图 2-60 所示是钵苗常见的 3 种形态，标注时尽可能地拟合钵苗茎秆，矩形框左右两侧分别要与钵苗茎秆弯曲拐点相切（见图中白点位置），此时测得的倾斜角度更加准确。标注完成后得到数据集图像对应的标签文件，其中 5552 张作为训练集，650 张作为验证集，650 张作为测试集。在训练过程中使用了数据增强技术，制作流程如图 2-61 所示。

a) 竖直型

b) L型

c) S型

图 2-60　钵苗常见的 3 种形态

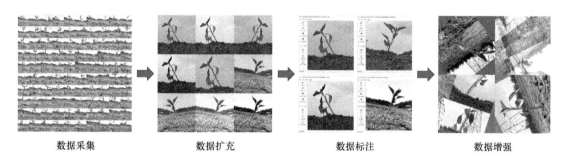

数据采集　　　　　　数据扩充　　　　　　数据标注　　　　　　数据增强

图 2-61　数据集制作流程

2.5.4　监测系统整体架构

针对机器作业条件下栽插直立度识别难、效率低的问题，提出了一种适用于机械化作业的栽插直立度监测系统。该系统主要包含移栽机、图像采集装置、车载计算机、显示界面，其总体设计理念如图 2-62 所示。移栽机带动图像采集装置运动，装置内部传感器用于检测钵苗状态并记录，可实时采集移栽后的钵苗图像信息；车载计算机内嵌入提出的直立度检测算法，通过网络通信将采集到的钵苗图片传送至车载计算机内进行钵苗直立度识别；经算法检测后判断栽插后的直立度情况，将检测结果保存到数据库中进行统计分析并传送至显示界面展示。

2.5.5　硬件设计

为减少田间非结构作业环境对钵苗栽插图像采集的影响，在车载检测端构建了结构化采集背景，设计了图像采集装置，主要包含光电式传感器、LED 灯（USB 台灯）、CCD 相机

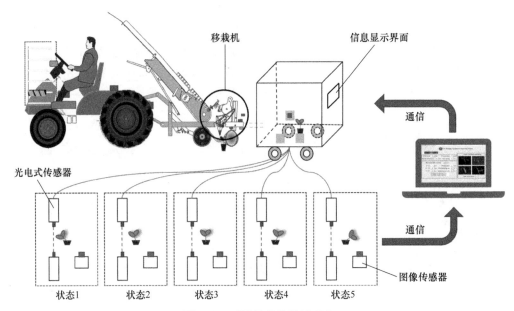

图2-62　系统的总体设计理念

（HIKVISION，MV-CE013-50GM）等，其结构如图2-63所示。钵苗漏栽监测是在图像采集装置两侧对齐安装对射型红外光电式传感器，一侧为红外发射端，另一侧为信号接收端。在设定时间段内若有钵苗通过，发射端发出的红外信号会受到遮挡，接收端输出的电压增大，通过对接收端电压信号的采集与处理来判断是否漏栽。将CCD相机安装在光电式传感器的后方，当前方检测到有钵苗时，通过CPLD（复杂可编程逻辑器件）发送正确时序信号给CCD图像传感器，驱动其正常工作。通过USB传输总线将采集到的图像数据进行打包处理传入车载处理器（JETSON NANO B01）。LED照明灯安装在图像采集装置上方，用于采集图像时补光，构建的结构化采集环境能够有效避免光噪声、背景等外界环境干扰。

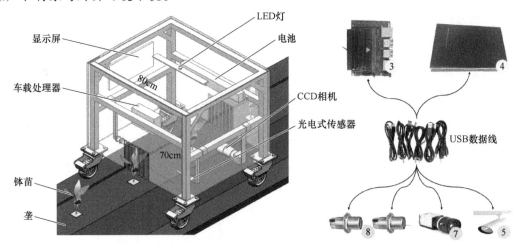

图2-63　图像采集装置的结构

2.5.6　YOLO-RDS 检测算法设计

针对移栽机实时作业监测的需求，本书采用了单阶段检测算法。YOLO 系列算法是近年来单阶段检测算法的主流，仅采用一次回归的方法实现目标检测，具有逼近实时性的检测速度，被广泛应用于实际生产过程。但由于不同的检测对象、非结构环境，YOLO 算法在应用前仍需根据锚框尺寸、卷积层数、参数和内核数量等进行优化，以提升适用性。基于钵苗栽插姿态检测需求，本书提出一种新的旋转目标检测方法，即 YOLO Rotating Detects Stems（YOLO-RDS），用于检测钵苗倾斜角度。该算法包括多个卷积模块（Conv）、C3 模块和改进空间金字塔模块（SPPF），用于从输入图像中提取特征。采用 FPN（特征金字塔网络）和 PAN（路径聚合网络）结构生成特征金字塔，通过混合和组合图像特征，增强特征提取并传递到预测层。采用旋转 YOLO 头部，主要功能是预测回归框和循环标签编码，提出 Rotation Weighted Boxes Fusion（RWBF），通过权重进行加权求和，合并高于 IoU 阈值的 boundingbox，输出贴近实际钵苗主茎干的 boundingbox。最后对循环编码进行解码，输出预测的角度。YOLO-RDS 算法的总体框架如图 2-64 所示。

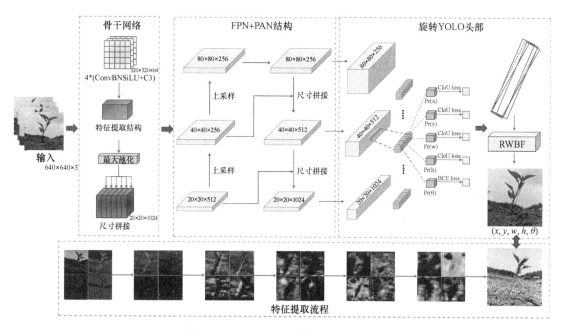

图 2-64　YOLO-RDS 算法的总体框架

2.5.7　角度预测模块

传统的水平边界框（HBB）目标检测已经无法满足要求，结合钵苗茎秆的特性，旋转框定义方法采用长边定义法，它包含 5 个参数：x、y、w、h、θ。其中，x 和 y 为旋转坐标系的中心坐标，θ 为旋转坐标系长边与 x 轴之间的角度，角度范围为 $[0,180°)$。图 2-65 展示了 YOLO-RDS 算法中 boundingbox 的定义。通过引入角度预测头，将新定义的旋转框集成到检测算法中。

对于基于锚的旋转检测器，x、y、w、h、θ 这 5 个参数表示任意方向的 boundingbox。

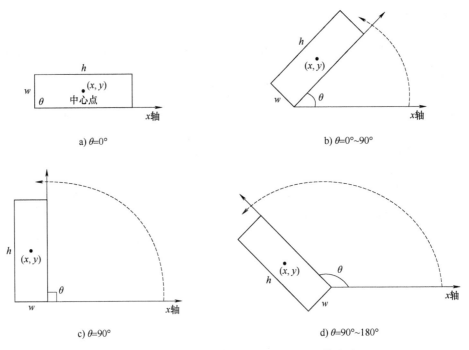

a) $\theta=0°$

b) $\theta=0°\sim90°$

c) $\theta=90°$

d) $\theta=90°\sim180°$

图 2-65　YOLO-RDS 算法中 boundingbox 的定义

boundingbox 由回归框和预测角度组成。θ 通过分类预测，x、y、w 和 h 由回归预测，回归公式如下：

$$t_x = \frac{(x-x_1)}{w_1},\; t_y = \frac{(y-y_1)}{h_1} \tag{2-24}$$

$$t_w = \log\left(\frac{w}{w_1}\right),\; t_h = \log\left(\frac{h}{h_1}\right) \tag{2-25}$$

$$t'_x = \frac{(x'-x_1)}{w_1},\; t'_y = \frac{(y'-y_1)}{y_1} \tag{2-26}$$

$$t'_w = \log\left(\frac{w'}{w_1}\right),\; t'_h = \log\left(\frac{h'}{h_1}\right) \tag{2-27}$$

式中，x、y 表示 boundingbox 的中心坐标；w、h 分别表示短边和长边；x、x_1、x' 分别表示真实框、锚框和预测框。

除了定义旋转框外，YOLO-RDS 算法的关键是进行角度预测。目前主流的角度回归方法均存在不连续边界问题，使模型损失值在处于边界情况下出现突增，导致该类检测方法在边界条件下检测准确率低。因此，将目标物角度预测视为分类问题，设计符合钵苗识别场景的Circle Smooth Label（循环平滑标签，CSL），CSL 所使用的循环标签编码方式具有周期性，并且分配的平滑标签值具有一定的公差。以分类的形式解决角度的回归问题，通过划分角度的方法，可以得到有限预测结果，并且能够消除边界问题。CSL 的具体表达式为

$$\text{CSL}(x) = \begin{cases} g(x), & \theta-r<x<\theta+r \\ 0, & \text{其他} \end{cases} \tag{2-28}$$

式中，$g(x)$ 为窗函数（本次选用高斯函数）；r 为窗函数的半径；θ 为当前 boundingbox 的角度。

结合目前 YOLOv5 模型中置信度损失及类别损失的计算方法，采用二分类交叉熵损失函数 BCEWithLogitsLoss 对角度损失进行计算，具体定义如下：

$$
\begin{cases}
\text{loss}(z,y) = \text{mean}\{l_0,\cdots,l_{N-1}\}, \\
l_n = \text{sum}\{l_{n,0},l_{n,1},\cdots,l_{n,179}\}, \\
l_{n,i} = -[y_{n,i}\ln(\delta(z_{n,i})) + (1-y_{n,i})\ln(1-\delta(z_{n,i}))], \\
y_{n,i} = \text{CSL}(x)
\end{cases}
\tag{2-29}
$$

式中，N 为样本数量；$i \in [0,180)$，共计 180 个类别；δ 为 Sigmoid 函数；$z_{n,i}$ 为预测第 n 个样本为第 i 个角度的概率，$z_{n,i}$ 的最大值为 1，即预测值；$y_{n,i}$ 为第 n 个样本在 CSL(x) 表达式下第 i 个角度的标签值，即真实值，$y_{n,i}$ 的最大值为 1。

将第 n 个样本的各个角度预测值与真实值依次代入 $l_{n,i}$ 计算，第 n 个样本的 180 个角度结果求和得到 l_n，将 N 个样本的计算结果求平均，即为此次角度损失。

2.5.8　RWBF 方法

当下主流的算法常使用非极大值抑制（NMS）来删除冗余的 boundingbox。但 NMS 并不能充分利用所有的框的信息，只是简单地从预测框中进行筛选，容易出现误差。本算法主要针对钵苗的倾斜角度检测（即旋转角度检测）受 Solovyev 等人的启发，提出 YOLO-RDS 算法并运用了 RWBF 方法，通过计算定向检测盒的 CIoU（完全交并集损失函数），根据权重融合各boundingbox 的信息来生成最终的 boundingbox（算法 1），如图 2-66 所示。

图 2-66　boundingbox 融合过程

RWBF 方法用于合并多个 boundingbox 预测结果，具体过程如下：

1. boundingbox 的重叠计算

通过使用交并比计算不同目标框之间的重叠程度。

2. confidencescore 的计算

通过判断 IoU 值，根据 boundingbox 之间的重叠程度计算出它们的 confidencescore。

3. boundingbox 的融合

通过比较 confidencescore 对 boundingbox (x, y, w, h, θ) 进行加权融合，confidencescore 较高的 boundingbox 会被赋予更高的权重，反之赋予较低的权重。融合采用加权平均的方式，将 IoU 值大于 0.4 的 bounding box 按权重进行加权求和。以 3 个 boundingbox 为例，其中 $(Ax, Ay, Aw, Ah, A\theta, As)$ 分别代表 boundingbox A 的 (x, y, w, h, θ) 和置信度分数 s。B 和 C 也是一样的。$(\#x, \#y, \#w, \#h, \#\theta)$ 表示融合后 boundingbox 的最终位置。

$$\#x = \frac{Ax \times As + Bx \times Bs + Cx \times Cs}{As + Bs + Cs} \tag{2-30}$$

$$\#y = \frac{Ay \times As + By \times Bs + Cy \times Cs}{As + Bs + Cs} \tag{2-31}$$

$$\#w = \frac{Aw \times As + Bw \times Bs + Cw \times Cs}{As + Bs + Cs} \tag{2-32}$$

$$\#h = \frac{Ah \times As + Bh \times Bs + Ch \times Cs}{As + Bs + Cs} \tag{2-33}$$

$$\#\theta = \frac{A\theta \times As + B\theta \times Bs + C\theta \times Cs}{As + Bs + Cs} \tag{2-34}$$

$$\#s = \frac{As + Bs + Cs}{3} \tag{2-35}$$

4. 阈值过滤

设定阈值，对融合后的 boundingbox 进行筛选，保留 confidencescore 高于阈值的目标框。

2.5.9　系统集成设计

首先以光电式传感器、CCD 相机、LED 光源和遮光罩制作图像采集装置，然后将提出的 YOLO-RDS 算法封装嵌入到车载处理器。通过光电式传感器的感应、CCD 相机对图片的采集和 YOLO-RDS 算法的检测，得到带有钵苗主茎秆检测框和旋转角度信息 (x, y, w, h, θ) 的图片和 txt 文件。Display interface 通过调用 numpy 包中的 loadtxt 方法读取 txt 文件信息，分类统计每张图片的倾斜角度。直立度合格率计算完成后，requests 模块完成各接口的请求与接收，json 模块返回结果的封装和解析。最后，集成钵苗栽植直立度监测系统通过数字和图像的形式将检测结果进行展示。

第 3 章

移栽机器人控制系统

移栽机器人控制系统是移栽机器人感知与调控的中心枢纽，感知器件将移栽机作业工况和目标对象信息传输至控制系统，控制系统进行识别并给出调控策略，确保移栽作业中每一个细微动作都能达到极致的精准与稳定。而智能的算法逻辑能够根据环境变化、作物生长状态等因素，动态调整移栽策略，确保作物移栽的高效性与成活率，以实现作物移栽过程中的高效、精准与自动化。在执行移栽任务时，控制系统驱动电机与机械臂等执行机构，精确控制移栽机器人的运动轨迹与姿态，确保移栽作业的高效运行。

3.1 控制系统原理

3.1.1 PID 控制器

PID 控制器（也称为 PID 调节器）是一种广泛应用于工业控制系统的反馈控制器，旨在根据设定目标值与实际值之间的误差进行调整。它由 3 个基本部分组成：比例控制（P）通过当前误差的比例值直接调节输出，响应快速但可能引入稳态误差；积分控制（I）通过累积过去的误差来消除稳态误差，确保系统最终能达到目标值；微分控制（D）通过预测误差的变化率来提前纠正，减小系统的振荡和过冲。

比例控制部分主要根据当前误差来产生控制信号，迅速响应系统偏差，但单独使用时可能无法完全消除稳态误差。积分控制部分通过累加过去的误差，使得系统能够逐渐修正任何长时间存在的偏差，确保系统能够精确地达到设定值。然而，仅使用比例和积分控制可能导致系统响应较慢且容易出现过冲。

在过程控制中，按误差的比例、积分和微分 3 种运算方式的结果进行控制的 PID 控制器是应用最为广泛的一种自动控制器。它具有原理简单、易于实现、适用面广、控制参数相互独立、参数的选定比较简单等优点。小到控制一个元件的温度，大到控制机器人的位姿和航向角等，都可以使用 PID 控制器。当得到系统的输出后，将输出经过比例、积分和微分 3 种运算方式，重新叠加到输入中，从而控制系统的行为，让它能够精确地到达指定的状态。PID 控制系统框图如图 3-1 所示。

3.1.2 模糊控制器

模糊逻辑控制（Fuzzy Logic Control）简称模糊控制（Fuzzy Control），是以模糊集合论、

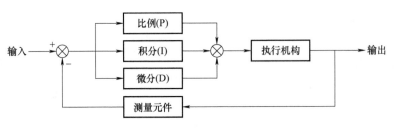

图 3-1　PID 控制系统框图

模糊语言变量和模糊逻辑推理为基础的一种计算机数字控制技术。该理论于 1965 年由美国的扎德（Zadeh）教授首先提出，利用被控对象模糊化，与知识库信息模糊对比推理得到相关信息，再进行清晰化处理给控制对象提供控制信息。模糊控制的基本结构如图 3-2 所示。

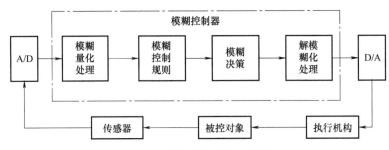

图 3-2　模糊控制的基本结构

如图 3-2 所示，模糊控制系统一般分为 4 部分。第 1 部分为输入/输出接口装置，即将得到的信号进行数/模转换，转变为计算机能够识别的数字信号。第 2 部分为模糊控制系统的核心——模糊控制器。模糊控制器通过模糊量化处理将输入信号映射至模糊集合，依据预设的模糊控制规则进行模糊推理，形成模糊决策，最后通过解模糊化处理将模糊决策转化为明确的控制输出。第 3 部分为被控对象。被控对象的种类很多，属性也不同，从控制角度可以分为线性和非线性。但是，随着涉及的领域越来越多，被控对象的类别领域也越来越广泛，如机械、生物以及医学等。在缺乏精确数学模型的情况下，比较适合选用模糊控制，但是在选用精确模型的情况下，若模糊控制仍然可以取得很好的结果，也可选用模糊控制。第 4 部分为传感器。它通常将被控对象的控制量等物理信号转化为电信号。传感器的精度一般会影响整个系统的精度，所以选择传感器时一般会选用精度高且稳定性好的传感器。

模糊控制的特点如下：

1）采用语言控制的规则，主要依靠工作人员和专家的经验、知识和操作数据，所以无须考虑多方面因素去建立复杂的被控对象的精确模型。

2）因为是基于语言决策规则设计的，所以有利于模拟人类思维，具有很高的可操作性。

3）鲁棒性强。经过模糊化和清晰化处理，受外界干扰和参数变化的影响较小，尤其适合非线性、时变和纯滞后系统的控制。

4）结合性强。模糊控制可以与其他相对成熟的控制理论/方法相结合，如 PID 控制、自适应控制等。

5）从工业过程定性的角度来看，易建立语言控制规则，所以尤为适用于难以获取数据信息、难以掌握动态特性或者变化显著的对象。

6）多用于工业过程控制领域，如提出模糊控制加前馈补偿的复杂模糊控制方法，用于由 MCS-51 单片机控制的异步电机轻载降压节能器上。

模糊控制器设计的基本步骤：①确定输入和输出变量；②设计控制规则；③确定模糊化和非模糊化方法；④选择输入和输出变量的论域并确定参数（量化因子、比例因子）；⑤编程并合理选择采样时间。

3.1.3　模糊 PID 控制

模糊 PID 控制是一种结合了传统 PID 控制算法与模糊控制理论的先进控制策略，它在处理非线性、时变以及难以建立精确数学模型的复杂系统时，展现出了卓越的性能。下面将详细阐述模糊 PID 控制的结构、控制原理以及优点。

1. 模糊 PID 控制的结构

模糊 PID 控制器主要由传统 PID 控制器和模糊化模块两个核心部分组成。其中，传统 PID 控制器负责根据系统的偏差、偏差变化率以及偏差的积分来调整系统的输出，以达到控制的目的。而模糊化模块则负责将系统的偏差和偏差变化率进行模糊化处理，形成模糊集合，然后根据模糊控制规则进行推理，输出对 PID 参数的调整量。

具体来说，模糊 PID 控制器的输入包括系统的偏差 E 和偏差变化率 E_c，这两个输入首先经过模糊化模块进行模糊化处理，形成模糊集合。然后，根据模糊控制规则，对模糊集合进行推理，得到 PID 参数的调整量 ΔK_p、ΔK_i 和 ΔK_d。最后，将这 3 个调整量分别与传统 PID 控制器的 K_p、K_i 和 K_d 相加，得到新的 PID 参数，用于控制系统的输出。模糊 PID 控制的结构如图 3-3 所示。

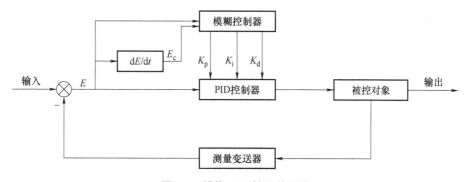

图 3-3　模糊 PID 控制的结构

2. 模糊 PID 控制的控制原理

模糊 PID 控制主要包括以下几个步骤：

（1）模糊化　将系统的偏差 E 和偏差变化率 E_c 进行模糊化处理，形成模糊集合。模糊化的过程包括确定论域、选择隶属度函数以及进行模糊分类等步骤。

（2）模糊推理　根据模糊控制规则，对模糊集合进行推理，得到对 PID 参数的调整量 ΔK_p、ΔK_i 和 ΔK_d。模糊控制规则是根据人类专家的经验和知识制定的，能够反映系统在不同状态下的控制需求。

（3）解模糊　将模糊推理得到的调整量 ΔK_p、ΔK_i 和 ΔK_d 进行解模糊处理，得到具体的数值。解模糊的方法包括最大隶属度法、重心法等。

（4）PID 参数调整　将解模糊得到的调整量 ΔK_p、ΔK_i 和 ΔK_d 分别与传统 PID 控制器的 K_p、K_i 和 K_d 相加，得到新的 PID 参数。新的 PID 参数将用于控制系统的输出，以实现对系统的精确控制。

3. 模糊 PID 控制的优点

（1）适应性强　模糊 PID 控制能够处理非线性、时变以及难以建立精确数学模型的复杂系统。它通过对系统的偏差和偏差变化率进行模糊化处理，能够充分利用人类专家的经验和知识，实现对系统的自适应控制。

（2）鲁棒性好　模糊 PID 控制对系统的参数变化和外界干扰具有较强的鲁棒性。它能够根据系统的实际情况自动调整 PID 参数，以适应系统的变化，保证系统的稳定性和控制精度。

（3）控制精度高　模糊 PID 控制能够实现对系统的精确控制。它通过对 PID 参数的在线调整，能够消除系统的稳态误差和动态误差，提高系统的控制精度和响应速度。

（4）易于实现　模糊 PID 控制的结构简单、易于实现。它不需要建立复杂的数学模型，只需要根据系统的实际情况制定模糊控制规则即可。同时，模糊 PID 控制器的设计过程也相对简单，易于理解和应用。

3.1.4　视觉伺服控制系统

视觉伺服技术是一种利用摄像头、图像处理和控制算法等技术，使机器能够通过视觉信息来感知、识别和跟踪目标，并采取相应的动作或控制，以达到精准定位、导航和操作的技术手段。视觉伺服技术在移栽机器人中的应用，旨在提高移栽作业的自动化程度、准确性和效率，从而满足农业生产中对于移栽操作的需求。视觉伺服技术是一项涉及图像处理、机器学习、控制系统等多个领域的交叉技术，在工业、农业、医疗等领域都有着广泛的应用。

1. 设备准备

移栽机器人通过搭载摄像头或其他图像传感器设备，实时采集移栽区域的图像信息。首先需要选择合适的图像传感器，并考虑分辨率、帧率和感光元件大小等参数，以满足实际需求。然后确定摄像头的安装位置和视角，确保能够覆盖到感兴趣的区域，并避免产生过度曝光或欠曝光的情况。光照条件也需要考虑，有时可能需要额外的光源或滤镜来调节光照条件。另外，采集到的图像数据需要通过合适的接口传输到后续的处理单元或计算设备进行处理，因此选择合适的数据传输方式和存储介质也是重要的考虑因素。

2. 常用的技术

1）目标识别是通过对采集到的图像数据进行分析和处理，识别图像中感兴趣的目标物体，如物体的位置、形状、尺寸和类别等信息。目标识别通常采用机器学习或深度学习技术，通过训练模型来学习目标的特征，并将其与已知的类别进行匹配。在实际应用中，目标识别可以应用于工业自动化、农业种植、智能交通等领域，实现对目标物体的自动检测和识别。

2）通过对采集到的图像数据进行处理和分析，可确定目标物体在空间中的准确位置，这包括了目标物体相对于相机的三维坐标或相对于环境的位置信息。位置定位通常通过特征匹配、几何计算或深度学习等方法实现。在工业机器人、自动驾驶车辆、农业机器人等领域中，位置定位是关键的技术之一，能够帮助系统精确地定位和跟踪目标，实现自动化操作和导航。

3）通过视觉反馈不断调整机器人的姿态和位置，实现对移栽目标的精准跟踪和定位。利用图像处理和分析技术，根据目标物体在图像中的位置信息，实时调整机器人或系统的姿态和运动，以确保目标物体始终处于预定的位置或轨迹上。根据目标位置信息和移栽方案，控制机器人执行移栽作业，将植物从育苗盘或苗床中取出并精准地移栽到目标位置。

3. 视觉伺服技术在移栽机器人中的应用

（1）自动定位移栽　利用视觉伺服技术，移栽机器人能够自动识别种植容器或育苗盘中的植物位置和数量，实现对植物的自动定位和移栽，提高移栽作业的效率和准确性。

（2）多品种适应性　通过对植物的形态特征进行识别和分析，视觉伺服技术使得移栽机器人能够适应多种不同品种的植物，实现针对性的移栽操作，提高生产的灵活性和适应性。

（3）实时调整姿态　移栽机器人在执行移栽操作过程中，通过视觉反馈实时调整姿态和位置，保证移栽作业的准确性和稳定性，有效避免了植物损伤和误操作。

（4）数据记录与分析　视觉伺服技术还可以实现对移栽作业过程的数据记录和分析，包括移栽数量、成功率、作业时间等指标的统计分析，为生产管理和优化提供数据支持。

（5）自动生产线集成　将视觉伺服技术应用于移栽机器人中，可以实现移栽作业的自动生产线集成，与其他种植环节（如播种、施肥、浇水等）相结合，实现全面的智能种植管理。

3.2　基于视觉伺服控制的低损取苗方法

3.2.1　低损取苗原理

低损取苗的原理图如图 3-4 所示。首先通过 Inter RealSense D415 深度相机获取待取钵苗的图像，将采取到的图片输入到训练好的 UNet 模型中，分割出钵苗的叶片。在不损坏钵苗的条件下，取苗针的取苗点的集合为一个圆环区域，根据夹取点估计算法确定夹爪的最佳取苗角度，然后将夹爪移动到待取苗的正上方，调整取苗角度，取出钵苗。

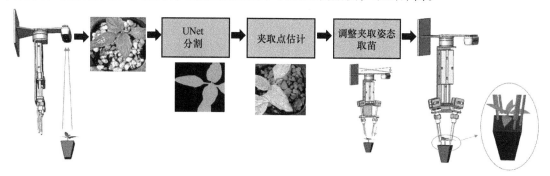

图 3-4　低损取苗的原理图

3.2.2 数据集构建

本节的研究以辣椒苗为试验对象，采用了 72 孔（6×12）的 PVC（Polyvinyl Chloride，聚氯乙烯）穴盘进行培育。穴盘的外形尺寸为 280mm×540mm，辣椒穴盘苗的培育时间为播种后 20 天。

使用 Intel RealSense D415 深度相机对钵苗进行采集，确保相机与钵体正对，二者之间的距离为 340mm，如图 3-5a 所示。相机拍摄的原始图像尺寸为 640×480 像素。由于钵苗的分割是以单株苗为分割对象，所以需要在原始图像中设置 ROI（Region of Interest，感兴趣区），根据试验得到 ROI 为像素坐标（240，160）~（400，320）的正矩形，如图 3-5b 所示。共采集 560 张钵苗图像。通过 Labelme 图像标注软件进行标注，标注结果如图 3-5c 所示。

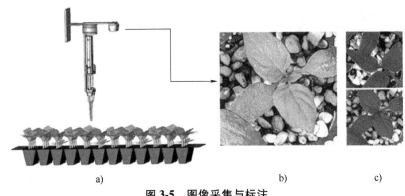

图 3-5　图像采集与标注

3.2.3 UNet 网络结构

UNet 在 2015 年被首次提出，是用于医学图像分割的经典网络结构，主要由编码部分和解码部分构成，如图 3-6 所示。编码部分通过连续的卷积和下采样过程，不断压缩特征、增

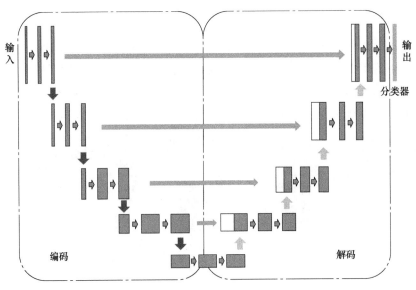

图 3-6　UNet 结构图

大感受野，以捕获和保存各层次的特征信息。解码部分通过一系列的上采样和卷积操作，逐步将特征图还原到原始图像的尺寸，实现特征的精确定位。此外，在编码部分和解码部分之间的跳跃连接部分用于将编码阶段的分辨率特征与相应的上采样特征结合起来。最后，通过使用 1×1 卷积将特征向量映射到所需的类别。

3.2.4 UNet 模型改进

由于 UNet 架构在对医学图像分割中的显著效果，以及训练所需图像较少和分割效果良好的特点，因此将 UNet 应用于钵苗的图像分割中。在 UNet 架构的基础上，通过改进骨干网络，得到了 ResUNet，其整体架构如图 3-7 所示，其中左侧下采样阶段表示编码模块，右侧上采样阶段表示解码模块。

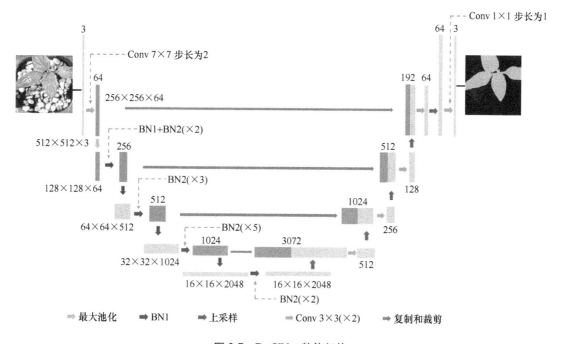

图 3-7 ResUNet 整体架构

整个网络的编码阶段采用了 ResNet50。编码阶段由 5 个阶段组成，用于从钵苗图像中提取特征。第 1 阶段不含残差块，由步长为 2、卷积核为 7×7 的卷积模块、BN 层、ReLU 层组，以及步长为 2、卷积核为 3×3 的最大池化层组成。其余阶段都包含残差块，2、3、4、5 阶段由多个卷积块和残差块组成。其中第 2、第 3、第 4 阶段后面都进行了下采样。随着特征通道数的增加，网络特征图的尺寸逐渐减小。此外，在浅层网络中，由于感受野较小，特征图可以获得边缘、纹理等低级特征；而在深层网络中，由于感受野较大，特征图能够提取更大范围的轮廓等信息。

解码阶段由 4 个阶段组成，使特征图逐步恢复到原始图像大小。每个阶段都包含一个 2×2 的扩张卷积用于上采样，特征图通道数保持不变，尺寸翻倍，并与编码器中对应的特征图拼接在一起，然后采用两个 3×3 的卷积和一个 ReLU 激活函数。在最后一层，使用 1×1 卷积将每个包含 64 个组件的特征向量映射到两个类别。

编码-解码结构通过编码器对图像进行尺寸压缩并提取目标特征,基于解码器对图像进行尺寸恢复并还原目标信息,编码器和解码器之间通过跳跃连接(Skip Connection)进行特征融合,从而将浅层的纹理信息与深层的语义信息融合在一起,完成对钵苗的像素级分割。

3.2.5 迁移学习和评价指标

从头开始训练一个完整的模型需要大量已标注的图像,大规模图像训练过程中,可能会面临内存不足的问题,并且还容易出现过拟合现象。由于来自不同领域的图像包含它们之间的共同底层特征,如边界、颜色、纹理等,迁移学习通过将已学到的共同特征转移到新的任务模型中,可以更快、更容易地训练网络。迁移学习的方法仅需要使用少量的训练样本就能将学习到的功能转移到新任务中,从而减少数据的需求,同时也能够节约训练时间。

通常,迁移学习的步骤是先训练基础网络,然后将其前 n 层复制到目标网络的前 n 层,接着随机初始化目标网络的其余层,最后在目标数据集上进行微调。本书首先利用 ImageNet 图像数据集对 ResNet50 模型进行训练,然后将训练好的权重迁移到 ResUNet 的骨干网络中,最后使用辣椒苗分割数据集来对整个 ResUNet 进行微调。

为了评价对辣椒苗的分割性能,使用了两个评价指标,分别是 MIoU 和 MPA(Mean Pixel Accuracy,平均像素准确度)。这两个评价指标的定义如下:

1)MIoU 是指用预测区域和实际区域的交集除以它们的并集,通过计算每个类别下的 IoU,然后对它们取平均值。

2)MPA 是指先计算每个类别中被正确分类像素数的比例,然后将这些比例累加求平均。该指标用于衡量模型对每个类别的像素分类准确性,并对所有类别的平均值进行综合评价。

3.2.6 取苗点估计算法

取苗点估计算法的处理流程如图 3-8 所示,即 Intel RealSense D415 相机 USB3.0 串口线连接到处理器,并利用 Python 处理图像数据,具体步骤如图 3-9 所示。

首先使用相机采集到辣椒苗图像,如图 3-9a 所示。随后,将图像输入经过训练的 ResUNet 模型中,得到的结果如图 3-9b 所示。取苗针工作空间为外径 34mm、内径 28mm 的圆环,其在相机像素尺寸上的映射为一个外径 143 像素、内径 117 像素的圆环,如图 3-9c 所示。将取苗针工作空间与辣椒苗分割后的图像求交集,得到单取苗针工作空间,如图 3-9d 所示,即只要单个取苗针的取苗点在图中的白色区域,取苗针就能完美地避开辣椒苗的叶片进行取苗。然而,由于机械手的取苗针有两个,在单个取苗针避开叶片的同时,并不能保证其对称侧的取苗针也能避开叶片。

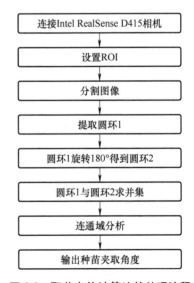

图 3-8 取苗点估计算法的处理流程

因此，将单取苗针工作空间与其旋转 180°后的图像求交集，得到双取苗针工作空间，如图 3-9e 所示。其工作空间满足中心对称，这样就能同时保证两个取苗针都避开叶片进行取苗，从而降低取苗的损失。对双取苗针工作空间进行连通域分析，找到其最大连通域，求最大连通域的中心点，得到图 3-9f 所示的 a 点和 b 点。

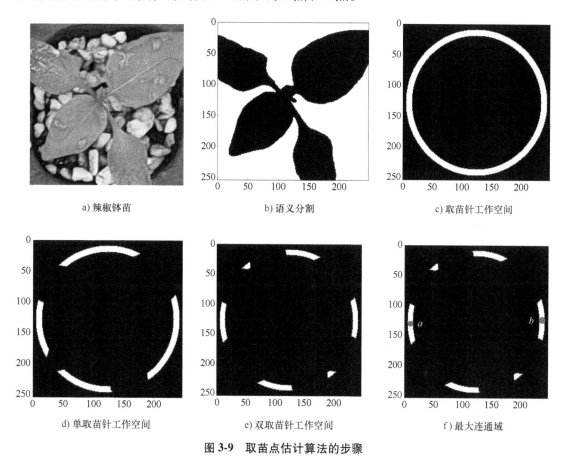

a) 辣椒钵苗　　　　　　　b) 语义分割　　　　　　　c) 取苗针工作空间

d) 单取苗针工作空间　　　e) 双取苗针工作空间　　　f) 最大连通域

图 3-9　取苗点估计算法的步骤

3.3　基于 PID 控制算法的取投苗装置控制系统

3.3.1　总体需求

针对大田复杂的地势环境、车身行驶过程中的稳定性、自动调平后各机构的时序错乱等问题，充分考虑取送苗的作业效率、准确性及适应性等关键指标，通过深入分析取投苗装置的结构特性和工作原理，结合钵苗的基本物理特性，本书所设计的控制系统应满足以下总体需求：

1. 供苗机构应对穴的输送具备较高的位置精确度

横移单次误差不得超过 2.4mm，纵移单次误差不得超过 1.75mm，以确保钵苗能够准确无误地进给至预定的取苗位置。

2. 取送苗机构的运动轨迹应易于实现

为达到最佳取苗效果，控制系统需要精确控制取送苗机构的作业过程，旋转角度的允许最大误差为 3°，取苗针末端与基质顶端的距离应为 3.86～6.91mm。并且当机构到达取苗点和投苗点时，步进电机需保持稳定的停止状态，防止因位置偏移而影响取投苗。

3. 适应不同坡度的田间作业

根据投苗杯距栽植器的距离，控制系统应能够灵活调整移栽作业速度，保持供苗速度、取送苗速度、投苗速度三者之间的协调与平衡，同时精确协调各机构的运动配合，确保从供苗到投苗的整个过程连续、一体化。

3.3.2 供苗机构控制方案

供苗机构的控制包括对横移步进电机和纵移步进电机的控制，控制结构图如图 3-10所示。

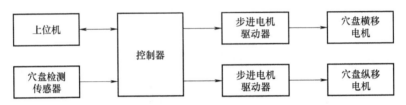

图 3-10　供苗机构的控制结构图

以穴盘短边为横向进给边（平行于取苗机械手）长边为纵向进给边（垂直于与取苗机械手）。末端执行器单次抓取两株钵苗，间距 126mm。穴盘的进给以末端执行器完成取苗并开始上移离开取苗位时为信号。横移电机正转带动穴盘横向移动 42mm，重复 3 次后纵移一次，接着横移电机带动穴盘反向移动 42mm，再重复 3 次后纵移 1 次，如此往复循环，直至取完整盘钵苗，如图 3-11 所示。

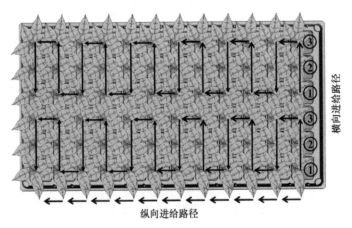

图 3-11　穴盘进给流程图

在穴盘架下方安装穴盘检测传感器，其位置与取苗点保持在同一垂直水平面，用来判断穴盘架上是否有穴盘。在机架两侧安装金属感应传感器，对穴盘架的运动进行监测，防止其横移过度与机架发生碰撞。

控制器通过接收穴盘检测传感器信号，对这些信号进行识别与处理后判断是否执行下一步操作，上位机同时也可读取和写入数据。通过步进电机实现穴盘的运动，当末端执行器抓取钵苗离开取苗点时，控制器发出运动脉冲信号，步进电机驱动器进行转换和执行，控制步进电机转动与停止。

3.3.3　取送苗机构控制方案

取送苗机构的控制包括 3 个部分，一是对转轴旋转角度的控制，二是对直线模组前进距离的控制，三是对取苗末端执行器取苗针伸缩的控制。其控制结构图如图 3-12 所示。

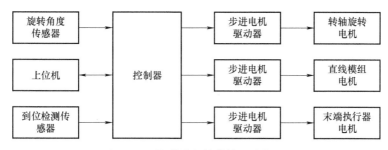

图 3-12　取送苗机构的控制结构图

1. 转轴旋转角度的控制

转轴旋转角度的控制是通过步进电机输出，输出轴与蜗轮蜗杆减速器相连，减速器带动转轴运动实现的。当转轴上方部件处于竖直状态时，步进电机正向转动带动转轴顺时针旋转30°，由投苗点上方运动至取苗点上方。在取苗完成后，步进电机反向转动，转轴逆时针旋转，回归初始位置。

旋转角度传感器安装在机架侧方的转轴正下方，用来判断转轴是否达到预设转轴角度。当检测到角度旋转到位，控制器接收信息，对步进驱动器发出使能信号，控制旋转电机停止转动。当取苗完成后，控制器发出脉冲信号，旋转电机反向转动。

2. 直线模组前进距离的控制

直线模组前进距离的控制是通过步进电机输出，滚珠丝杠带动滑块、滑座做直线运动实现的。取苗爪位于取苗点上方时，步进电机正向转动，直线模组前进 50mm，将取苗爪送至取苗点。在取苗完成后，步进电机反向转动，直线模组收缩，回归初始位置。

直线模组到位检测传感器安装在模组一端，通过感应滑块距离来判断是否将取苗爪推送至取苗点。到苗爪到达取苗点时发出信号，控制器接收信号，对步进驱动器发出使能信号，步进电机停止转动。当取苗完成后，控制器发出脉冲信号，直线模组电机反向转动。

3. 取苗末端执行器取苗针伸缩的控制

取苗末端执行器取苗针伸缩的控制是通过步进电机输出，丝杠带动取苗组件运动实现的。当末端执行器位于取苗点时，电机正向转动，取苗针下移插入基质。当末端执行器位于投苗点时，步进电机反向转动，取苗针回归初始位置，释放钵苗。

末端执行器到位检测传感器分别安装在末端执行器上弯板上方和上下弯板之间，通过到位检测传感器发出是否被弯板遮挡的信号，判断取苗爪的取苗针是否满足插入基质的深度。当满足插入深度时，控制器接收信号，对步进驱动器发出使能信号，取苗爪电机停止转动。当取苗爪位于投苗点时，控制器接收信号，对步进驱动器发出脉冲信号，控制取苗爪电机反向转动，取苗针收回，钵苗落入投苗杯。

3.3.4 投苗机构控制方案

投苗机构中投苗杯的旋转控制是通过步进电机带动链条实现的，控制结构图如图 3-13 所示。投苗杯旋转电机转动轴端通过卡槽固定齿轮，齿轮带动链条转动，在链条上方根据取苗爪之间的距离固定投苗杯。当取苗末端执行器将钵苗送至投苗杯中，投苗杯旋转电机带动链条转动 1/3 圈，投苗杯转动两次，完成两次投苗操作。

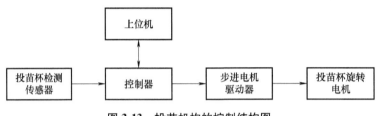

图 3-13　投苗机构的控制结构图

投苗杯检测传感器安装在投苗点水平方向（利用投苗杯遮挡效应），当投苗杯运动至传感器所在位置时，传感器会接收到反射光信号并立即产生高压信号，从而实现精准定位投苗杯的位置以及对已经经过的投苗杯自动计数。采用接近开关作为投苗杯检测传感器，当接近开关检测到投苗杯未抵达指定位置时，控制器接收信号，对步进驱动器发出脉冲信号，投苗杯旋转电机正向转动，链条带动投苗杯旋转。当完成两次感应时，控制器接收信号，对步进驱动器发出使能信号，投苗杯旋转电机停止转动。

3.3.5 Fuzzy-PID 步进定位系统的控制算法

本书采用旋转插钵式取苗作业，在整个取投苗装置中，取苗末端执行器首先由旋转电机正向转动带动其整体运动至钵苗正上方，待取苗完成后旋转电机反向转动将钵苗运送至投苗点，因此对旋转电机的步进定位控制对整个取投苗过程至关重要。若旋转角度不满足要求，将会导致取苗或投苗作业失败，故应当对旋转步进电机采用控制算法，对其运行的路径进行精确控制。

由于步进驱动系统存在多重非线性因素的影响，简单的闭环步进定位控制往往无法有效应对，提升定位精度和系统性能的关键在于采用先进的控制算法。固定参数的 PID 控制和固定参数的模糊控制在处理环境多变、非线性动态系统时，其动、静态特性效果不佳，难以实现步进电机的在线实时高精度控制。

我们提出了一种参数自调节的 Fuzzy-PID 控制算法，在传统 PID 控制算法基础上，添加模糊控制器，系统控制流程如图 3-14 所示。其中，$c(k)$ 为控制器实际值，$r(k)$ 为给定值，$e(k) = r(k) - c(k)$，为角度误差，$\Delta e(k) = de(k)/dt$，为变化率，$u(k)$ 为旋转角度脉冲控制量。根据当前角度误差 $e(k)$ 和变化率 $\Delta e(k)$，模糊化处理后利用预先设定的模糊控制规则进行推理，通过在线自整定 PID 参数，控制系统能够实时响应系统状态的变化，动态调整控制策略，能够确保步进系统的准确定位和稳定运行，从而满足旋转角度的控制要求。

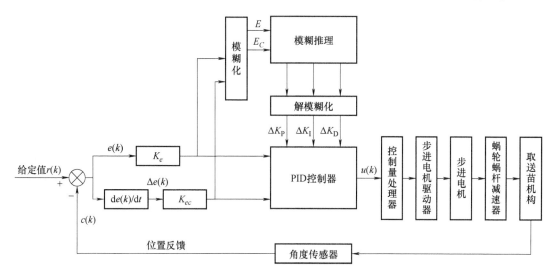

图 3-14　自调节 Fuzzy-PID 步进定位系统的控制流程

传统 PID 控制算法为

$$u(k) = K_P e(k) + K_I \sum_{i=0}^{k} e(i) + K_D \Delta e(k) \tag{3-1}$$

式中，K_P、K_I、K_D 分别为比例系数、积分系数、微分系数；$e(k)$、$\sum_{i=1}^{k} e(i)$、$\Delta e(k)$ 分别为控制误差、误差及变化率。

3.3.6　多电机变速取投苗控制方法

1. 钵苗运动分析

各机构之间的时序配合是保证移栽作业顺利进行的关键所在，对移栽质量有着重要影响。倘若机构之间的时序配合出现问题，将会导致作业过程出现以下问题：

1）投苗机构投苗过早或过晚，钵苗将无法准时下落到栽植器中。

2）移栽机连续工作后各机构间的误差将逐渐积累，造成钵苗损伤。

结合团队设计的自调节底盘，车身在进行自调平后，取投苗机构将处于水平状态，底盘两端到地面的高度不一致，进而导致投苗点到垄面的距离发生变化。为保证栽深一致性，栽植器高度将进行调节，则投苗杯距栽植器高度将会发生变化。图 3-15a、b 所示分别为平地作业时各部件高度和坡地作业时栽植器调节后各部件高度示意图。当移栽机进入坡地作业时，垄高 h_0 不变；鸭嘴栽植器始终在最高点时进行接苗，并按照预定轨迹进行作业，高度 h_1 不变。投苗杯距离栽植器高度 h_x 发生变化时，落苗时间发生变化，将会导致各机构时序配合出现偏差。通过分析计算可知，调整各机构作业速度，可减小误差、提高取苗效率。

现对该部分进行约束条件定义，以作为控制程序设计的数学基础和理论准备。首先根据所设计的投苗点到地面的距离，获取平地作业时投苗点距离栽植器高度 h_x 为

$$h_x = H_0 - h_1 - h_2 \tag{3-2}$$

进入坡地作业时，移栽机自动调平，调平变化的一侧的高度 H' 为

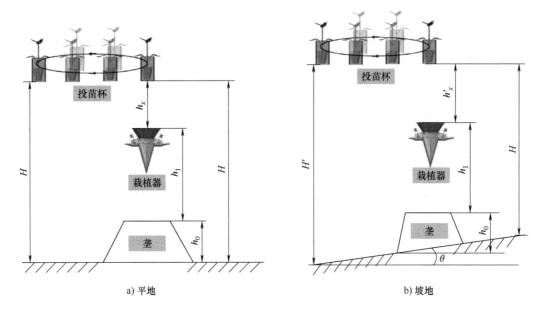

a) 平地   b) 坡地

图 3-15 不同地面作业示意图

θ—坡度 H—投苗杯距离地面高度 H'—调平后该侧投苗杯距离地面高度 h_0—垄高

h_1—垄面距离栽植器高度 h_x—投苗杯距离栽植器高度 h'_x—车身调平后投苗杯距离栽植器高度

$$H' = H_0 + L\tan\theta \qquad (3\text{-}3)$$

对应的 H'_x 为

$$h'_x = \frac{(H+H')}{2} - h_1 - h_2 \qquad (3\text{-}4)$$

投苗杯距离栽植器高度的变化 Δh 为

$$\Delta h = h'_x - h_x = \frac{1}{2}L\tan\theta \qquad (3\text{-}5)$$

令 t 为水平作业时钵苗自由下落到栽植器上端面所需时间，t' 为调平后钵苗自由下落到栽植器上端面所需时间，时间误差 Δt 为

$$\Delta t = t' - t = \sqrt{\frac{2}{g}}\left(\sqrt{h'_x} - \sqrt{h_x}\right) \qquad (3\text{-}6)$$

结合丘陵山地作业实际情况，以坡耕地倾斜角度为 $0\sim15°$，垄高 $h_0 = 200\text{mm}$，栽植器距离垄面高度 $h_1 = 630\text{mm}$，车宽 $L = 1300\text{mm}$，依据上述公式计算得出，移栽机在调平前后高度变化 Δh 的范围为 $0\sim174.15\text{mm}$，时间变化 Δt 的范围为 $0\sim2.3\text{s}$。

2. 变速取投苗控制方案

控制系统设计为可调节取投苗频率的工作模式，调节范围为 $40\sim100$ 株/min。改变取投苗频率时需要同时调节供苗机构、取送苗机构、投苗机构的运动速度，才能确保机构能够连续且高效地作业。

根据设定的取投苗频率，求出各机构中关键部件的实际运动时间 t，结合前文设计的运动距离，计算不同取投苗频率下的运动速度。穴盘横移一次与纵移一次运动距离是相同的，

故运动速度在数值上相同。穴盘横移与纵移、直线模组、末端执行器、投苗杯的运动速度计算公式为

$$v = \frac{s}{t} \tag{3-7}$$

式中，s 为运动距离（mm）；t 为时间（s）。

取送苗机构旋转角速度的计算公式为

$$\omega = \frac{\theta}{t} \tag{3-8}$$

式中，θ 为旋转角度（°）；t 为时间（s）。

步进电机的转速控制是通过控制控制器发出脉冲的频率实现的。每个脉冲信号都会使电机转动一定的角度，脉冲频率越高，步进电机的转速也越高。纵移电机、横移电机、旋转电机、模组电机、取苗电机、投苗电机的脉冲频率计算公式为

$$f_r = \frac{nCSb}{\pi dt} \tag{3-9}$$

$$f_k = \frac{nCSb}{P_B t} \tag{3-10}$$

$$f_j = \frac{nCb\theta}{2\pi^2 t} \tag{3-11}$$

式中，f_r 为纵移电机、投苗电机的脉冲频率（Hz）；f_k 为横移电机、模组电机、取苗电机的脉冲频率（Hz）；f_j 为旋转电机的脉冲频率（Hz）；n 为减速比（1 或 10）；C 为驱动器细分数（常数，2）；S 为运动距离（mm）；b 为电机转动一圈的脉冲数（200）；d 为链轮直径（mm）；t 为运动时间（s）；P_B 为丝杆导程（m，4×10^{-3}）。

根据上述计算公式，可分别计算出不同取投苗频率下各机构的运动速度以及对应步进电机所需的脉冲频率。在移栽机取投苗作业过程中若出现栽植器高度变化，根据约束条件计算钵苗运动时间误差 Δt，控制系统通过调整各步进电机的脉冲频率，及时调整取投苗速度，抵消装置各机构之间所出现的时序误差。

第4章

移栽机器人执行系统

取投苗是蔬菜移栽机作业过程中的关键步骤，是移栽机械与穴盘苗直接接触的关键环节，直接影响着移栽作业质量的好坏。不同种类的蔬菜生长需求不同，培育基质不同，成苗后的形态特征不同，因此，在进行移栽作业时取苗的执行方式也不尽相同。取苗机构负责从穴盘中精准、无损地取出幼苗，而移栽机支撑臂则负责将取出的幼苗准确、稳定地移栽到目标位置。因此，对取苗机构进行科学合理的设计，以及对移栽机支撑臂的振动特性进行深入分析与结构优化，是提高移栽机器人性能、推动其广泛应用的关键。

4.1 机械化移栽苗-机互作机理

4.1.1 取苗方式分析

现综合国内外移栽机取苗机构研究现状，根据取苗的原理不同可将取苗方式大致分为夹持式、插入式以及气吹式3种。

1. 夹持式取苗

夹持式取苗方式可根据夹持的部位不同，分为夹茎式和夹钵式两大类。夹茎式取苗方式是通过夹持装置对靠近钵苗根部向上的茎秆较粗处进行夹持，以完成钵苗的移栽；夹钵式取苗方式则通常通过顶出装置将钵苗顶出穴盘部分，然后对钵体进行夹持，从而完成移栽作业。

（1）夹茎式　现有的夹茎式取苗机构主要应用于番茄苗、辣椒苗等茎秆粗壮的钵苗品种，可根据蔬菜钵苗的茎秆特征进行机械爪的设计，以保证钵苗移栽的顺利完成。同时，为了降低机械爪对茎秆的夹持损伤，通常会在机械爪夹持部位附加柔性材料，用以减小机械爪对茎秆的剪切损伤。

石河子大学的李华等人提出了一种行星轮系与凸轮摆杆相结合的夹茎式取苗方式，如图4-1所示。其工作方式是凸轮随着行星架绕行星轴旋转，在此过程中，凸轮的旋转运动通过摆杆转变为夹紧块的直线运动，从而由夹紧块的移动控制安装在夹苗片支架上的夹苗片的摆动，使得夹苗片能够完成夹紧与张开两个动作，顺利实现取苗与投苗的流程。

西南大学的魏志强等人设计了一种夹茎式自动取投苗机构，该机构由曲柄滑块机构和滑槽机构组合而成，如图 4-2 所示。当机构工作时，通过曲柄滑块与滑槽装置的配合，使得夹苗器到达指定位置，同时，夹苗器通过丝杠双螺母副机构完成取苗臂上苗夹的张开与闭合。其中，丝杠上两螺母旋向相反，通过取苗臂上的电机带动丝杠转动；苗夹与左右螺母采用螺栓固定，可根据不同穴盘规格采用不同苗夹。

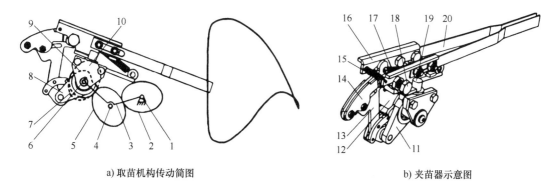

a) 取苗机构传动简图　　　　　　　　　b) 夹苗器示意图

图 4-1　夹茎式取苗机构示意图

1—中心轴　2—二阶中心椭圆齿轮　3—行星架　4—中间轴　5—二阶中间椭圆齿轮　6—行星轴
7—二阶行星椭圆齿轮　8—夹苗器　9—凸轮　10—夹苗器连接件　11—支架　12—凸轮轴　13—摆杆
14—夹紧块　15—复位弹簧　16—夹苗片支架　17—复位弹簧　18—螺栓　19—销轴　20—夹苗片

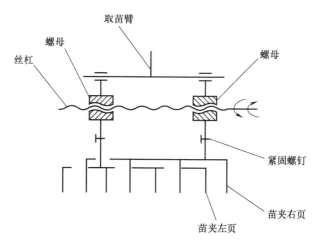

图 4-2　夹茎式取投苗机构简图

（2）夹钵式　夹钵式取苗方式与夹茎式取苗方式类似，夹茎式是夹持钵苗根处上方的茎秆，而夹钵式则是夹持钵苗钵体，从而保证移栽工作的顺利进行。夹钵式取苗方式一般用于钵苗茎秆柔软细小不易夹取或插入、钵体不易受损的情况下。

下面以意大利生菜钵苗为研究对象，通过对其相关物理特性的研究，获取相关物理形态参数，并以此为依据进行水培生菜钵苗移栽装置的末端执行器设计。水培生菜的育苗基质采用岩棉块，岩棉块本身无营养，也不吸收消耗任何营养，更不会对作物的吸收造成阻碍，具有优异的透气性和保水性。营养液采用高氮型营养液。对生菜钵苗进行培育，培育周期为 19 天，此时生菜穴盘根系发达，基质根系健壮且叶片间干扰程度较小，如图 4-3 所示。

根据分析并结合实际，在移栽作业中采取夹持式取苗方式，但穴孔为圆形且孔径小，孔与基质之间间隙小，且茎秆特征不明显，采用夹茎式取苗方式作业难度大。为解决此问题，这里采用顶出-夹钵式取苗方式，如图 4-4 所示。由于生菜的叶宽较大，穴孔间距较小，垂直式取苗方式可能在取苗过程中穿刺叶片，因此拟采用推进式取苗，即取苗针先下降到取苗高度，再向前推进取苗。

图 4-3　意大利生菜钵苗

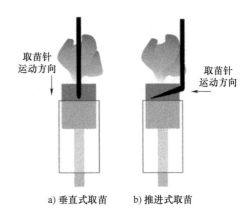

图 4-4　顶出-夹钵式取苗方式

取苗作业时，通过伺服电机配合齿轮齿条组提供驱动力，带动机械手到达穴盘指定位置，此时垂直气缸作用打开取苗针，对钵苗的体体进行夹持，随后垂直气缸作用使得取苗针闭合，完成取苗作业。放苗时，末端执行器先移动至栽培槽上方，通过水平气缸作用实现末端执行器的等距扩散，最后由垂直气缸作用打开取苗针，完成投苗作业。图 4-5 所示为末端执行器取投苗作业过程。

图 4-5　末端执行器取投苗作业过程

2. 插入式取苗

插入式取苗方式是指取苗针插入育苗基质内部，对钵苗进行提取和移栽。夹钵式取苗方式对取苗针插入基质的夹取角度、取苗针的个数、取苗爪的夹持力以及取苗爪与基质间的摩擦力有着较高的要求。

本团队此前研究的全自动移栽机采用插入式作业方式，其取苗机械爪部件及组成如图4-6所示。其作业原理是，送苗机构将待移栽的穴盘苗输送至取苗机械爪附近的指定位置，行星轮系作为驱动元件，由凸轮和滑道控制取苗机械爪的运动轨迹，机械爪的取苗夹针深入穴孔中，行星齿轮通过自转驱动凸轮转动，从而实现取苗夹针夹紧钵苗以及取苗机械爪回转取出钵苗。

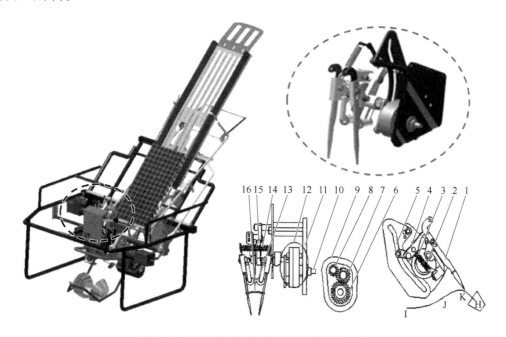

图4-6　全自动移栽机取苗机械爪部件及组成

1—取苗夹针　2—夹紧弹簧　3—凸轮　4—推苗摇臂　5—滑道　6—太阳轮　7—中间轮　8—行星齿轮
9—行星架　10—动力轴　11—机架　12—行星轮系齿轮箱　13—取苗摆臂　14—固定弹簧
15—取苗架　16—推苗杆　I-J-K-H—取苗机械爪运动轨迹

石河子大学的马晓晓等人设计了一种番茄钵苗自动取苗装置的夹苗器凸轮运动过程，得到了凸轮的运动过程参数，并对自动取苗装置的主要工作参数进行优化。番茄钵苗取苗装置的结构示意图如4-7a所示。马晓晓等人根据取投苗作业要求，又将凸轮的工作行程分为准备夹苗、钵苗夹取、持苗运行以及钵苗释放4个工作阶段，如图4-7b所示。在准备夹苗阶段AB，取苗针以固定的角度靠近穴苗盘；在钵苗夹取阶段BD，取苗针插入穴孔并夹持钵苗；在持苗运行阶段DE，取苗针从穴孔中垂直拔出，此阶段拨杆与推苗环保持相对静止，持续至持苗阶段结束，此时钵苗姿态转换为竖直向下；在钵苗释放阶段EA，取苗针张开复原至初始开合角度并释放钵苗，完成一次取投苗过程。

3. 气吹式取苗

气吹式取苗方式是指在特制的配套穴盘下，通过空气压缩产生的气吹力，将钵苗吹离穴孔的方式。其具有结构简单、伤苗率低、取苗效率高等优点。

中国农业大学的袁挺等人设计了一种蔬菜移栽机气吹振动复合式取苗机构及其配套苗盘，气吹式取苗机构主要由送苗装置、振动装置、气吹装置等部件组成，其整机结构示意图如图 4-8 所示。其工作时，通过振动板将钵苗钵体与穴孔振动松脱，当穴盘运动到指定位置时，吹气机构对钵苗钵体产生吹力，使得钵苗脱离穴盘落入落苗管，进入栽植装置进行移栽。

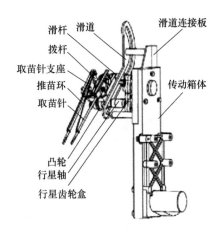

a) 番茄钵苗自动取苗装置的结构示意图

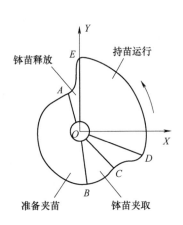

b) 凸轮工作阶段划分示意图

图 4-7　番茄钵苗自动取苗装置

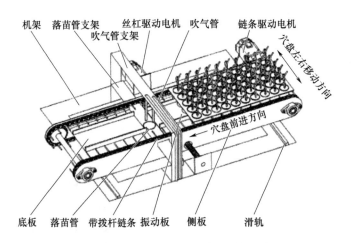

图 4-8　气吹式取苗机构的整机结构示意图

综上所述，夹茎式取苗方式可以将苗和穴盘分离，不会拉断或损伤茎秆，进而降低对钵体的损伤，提高钵苗存活率，但取苗时对准困难，且无法精确控制夹持力，容易对钵苗造成损伤，不利于钵苗的后续生长；插入式取苗方式不会损伤苗茎，取苗、送苗动作可由单一部件完成，结构简单，但会对基质造成损伤，受基质强度和穴盘根情况影响较大，且当钵苗叶面展幅较大时，垂直插入会对真叶造成较大的损伤；气吹式取苗方式不会对钵苗、钵体造成损伤，但其存在需要添加辅助装置、能耗较大的问题，致使生产成本增加。

4.1.2 取苗爪插拔过程分析

我们在进行取苗夹持力传感器的研究过程中，采用插入式取苗方式，并对机械爪的插拔过程进行了研究分析，同时构建了取苗插拔姿态模型。

为了获得在取苗过程中机械爪取苗夹针与钵体相互作用的过程，分析钵苗与取苗夹针间的互作机理，在试验过程中，采用高速摄像机对全自动移栽机取苗机械爪取苗的过程以及取苗夹针将钵苗的钵体部分由穴孔取出的过程进行记录。

本试验中，选用河南现代农业研究开发基地培育的辣椒钵苗，采用 128 孔软质塑料穴盘培育，培育基质采用泥炭、蛭石、珍珠岩以 6：3：1 混合配比而成，并在智能温室内培育 40 天，此时已经达到了穴盘移栽条件，钵苗形态及钵体情况如图 4-9 所示。

图 4-9　钵苗形态及钵体情况

试验仪器采用 Phantom 系列高速摄影设备，包括 PCC 系列高速摄像处理软件、相机主体、Nikon 镜头、笔记本计算机、强光 LED 光源设备、三脚架云台以及各种信号连接电缆等。试验取苗动作的完成采用全自动移栽机试验台，其取苗频率可以实现 0~60 株/min 范围的调节。

试验过程中，为了更好地观察取苗过程中机械爪抓取动作以及取苗夹针与钵苗的钵体互作过程，设置了两组试验，用以对照：

a 组：将用于试验的辣椒苗茎叶剪去，穴孔中只留下苗根和钵土组成的钵体部分，从而便于观察取苗夹针在穴孔中对钵体的压缩过程。

b 组：直接放置空盘，观察取苗夹针深入穴孔内部后，夹针状态的变化过程。

为便于观察，防止叶片交叉造成高速摄像机的视野被遮挡，试验进行前，应当将无关的钵苗拔出。

试验时采用全自动移栽机作为试验台，试验流程大致如下：

① 对全自动移栽机试验台进行调试，使其处于正常运转状态，并设置取苗频率为 40 株/min，搭建高速摄像系统。通过以太网电缆对高速摄像机进行连接，并根据设备地址设置网络端口 IPv4 地址信息，实现 PCC 软件与高速摄像设备的通信。

② 为获取清晰的钵苗插拔姿态，团队先对 PCC 软件参数进行了设置。由于全自动移栽机的取苗速度较快，取苗夹针插入穴孔动作难以用人眼进行观察，因此设置相机捕捉方式为后触发，设定分辨率为 1280×800 像素，采样率为 800 帧/s，采样周期为 1250μs，曝光时间

为1000μs，在观察到取苗动作完成后选择Capture，以获取整个取苗机械爪的取苗动作图像信息。

③ 取苗动作图像的播放速率是通过PCC系列软件进行设定的，从而便于观察到全自动移栽机取苗动作中取苗夹针与钵苗钵体的根土部分互作过程，以分析取苗夹针在夹取钵苗过程中的插拔姿态。

通过高速摄像机对取苗机械爪取苗运动过程及取苗夹针插拔姿态变化过程的记录，将取苗机械爪抓取钵苗的过程一共分为6个阶段，并在抓取钵苗动作状态变化过程每个阶段的画面中选取2~3幅照片，共选取了8幅画面，还根据取苗机械爪抓取运动过程，将各个画面进行了编号，如图4-10所示。

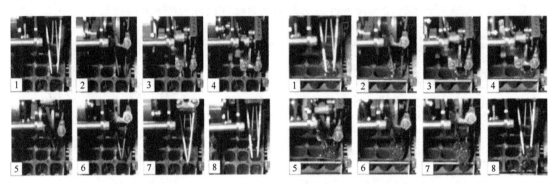

a) 空穴状态下取苗机械爪插拔姿态分析　　　　b) 钵体填充状态下取苗机械爪插拔姿态分析

图4-10　取苗机械爪及取苗夹针插拔过程的高速摄像试验结果

通过取苗机械爪及取苗夹针插拔过程高速摄像试验结果可以看出，取苗机械爪的抓取运动可以分为机械爪运动和取苗夹针的插拔运动，当取苗夹针进行钵体夹取时，取苗机械爪的运动轨迹达到了临界点。通过对有钵体和无钵体的穴孔插拔高速试验图像对比分析，此刻机械爪不再进行前伸动作，而是取苗夹针沿垂直穴孔方向向下夹紧钵体。紧接着，机械爪回缩到投苗临界点进行放苗。取苗机械爪运动过程与取苗夹针插拔过程一共分为6个阶段。

① 取苗机械爪前伸运动过程。此时运动轨迹为开口向下的弧线，取苗夹针对准穴孔，准备取苗。此阶段主要是取苗机械爪进行空间移动，为取苗做准备，对应于图4-10a中的1、2和图4-10b中的1、2。进行对比后可以看出，此时取苗夹针无张合变化且未插入穴孔。

② 取苗机械爪垂直穴孔进行插入过程。此时运动轨迹为垂直向下的直线，取苗夹针插入穴孔，准备夹持。此阶段主要是取苗夹针与钵体基质部分开始接触阶段，此过程中取苗夹针深入穴孔，为夹持动作做准备，对应于图4-10a中的2、3和图4-10b中的2、3。对比图像后可以看出，此时取苗夹针插入穴孔但无张合变化。

③ 取苗夹针向内侧夹紧过程。此时取苗机械爪无空间运动变化，处于运动轨迹临界点（取苗位置），取苗夹针夹紧钵体。此阶段主要为取苗夹针夹持过程，对应于图4-10a中的3、4和图4-10b中的3、4。取苗夹针沿穴孔两侧内壁插入穴孔，然后两取苗夹针向内侧收缩，夹紧钵体。

④ 取苗机械爪将钵体由穴孔中拔出过程。此时运动轨迹为垂直向上的直线，取苗夹针

将钵体拔出穴孔，准备回缩送苗。此阶段主要为钵体拔出阶段，此过程中取苗夹针始终处于夹紧状态，对应于图 4-10a 中的 4、5 和图 4-10b 中的 4、5。通过对比可以看出，取苗夹针夹持钵体沿垂直穴孔方向向上运动，直至钵体完全脱离穴孔。

⑤ 取苗机械爪回缩送苗过程。此时取苗夹针仍然处于夹紧状态，机械爪向投苗位置移动，运动轨迹为开口向上的弧线，到达投苗位置准备投苗。此阶段为机械爪回缩送苗阶段，对应于图 4-10a 中的 5、6、7 和图 4-10b 中的 5、6、7。此时，取苗夹针夹持钵体的同时取苗机械爪沿着取苗运动轨迹往回运动，将钵体输送到投苗指定位置。对比图像可以看出，钵体完全脱离穴孔后作为起点，然后取苗机械爪沿轨迹回缩送苗。

⑥ 取苗机械爪投苗过程。此时取苗机械手处于运动轨迹临界点（投苗位置），无空间位置变化，取苗夹针状态由夹紧到张开，释放钵体。此阶段主要是取苗夹针张开、释放钵苗的过程，对应于图 4-10a 中的 7、8 和图 4-10b 中的 7、8。

根据高速摄像试验结果得出，取苗机械爪在取苗过程中主要包括取苗机械爪的运动和取苗夹针夹持姿态的变化，大致分为 6 个阶段。图 4-11 所示为试验中观察到的取苗时取苗夹针夹紧钵体的状态。取苗夹针夹持钵体后，钵体上下两端的压缩形变程度不一致，从钵体的基质部分构造情况以及取苗夹针的插拔过程进行分析，可能存在以下两点原因：

图 4-11　钵体受取苗夹针压缩后的状态

① 钵苗的钵体部分是由根系包裹混合基质而成，存在着土壤的黏弹性体的特征，根系的缠绕增强了塑性特性。钵苗的根部主体部分位于钵体的中间段位置，此位置的主根系粗大，根系首先向外生长然后向上或向下缠绕在钵体上，中间部位的弹塑性要强于两端位置，且植物的主根也处在中间位置。

② 取苗夹针在夹持钵体过程中对钵体各个部位的压缩程度不一致，造成钵体松散程度不同的现象。取苗夹针在插拔夹取钵体的过程中，由前端插入穴孔，后端凸轮转动，推动取苗夹针向内收缩夹紧钵体，取苗夹针前端的转动量较大，并且转动量从前端至后端依次减小，直到转动轴心处。因此，取苗过程中钵体受取苗夹针压缩夹紧时，钵体存在夹紧量不同的情况，钵体下端受到的压缩量最大。

4.1.3　取苗夹针插拔姿态模型构建

为探究取苗夹针在夹持钵苗过程中对钵体各个部位压缩程度的关系，得到不同转动角度下取苗夹针对应位置的压缩量，以及获取取苗夹针与钵体接触力间的变化规律，提出了压缩补偿量的概念（根据高速摄影试验结果得出取苗夹针在夹持钵体不同位置时压缩量不同，夹取钵体时下端压缩量最大，若在中段或上段进行夹持力检测时，必须要获取压缩补偿位移，保证同样的受力，因此定义压缩补偿位移为压缩补偿量），并构建取苗夹针插拔姿态模型，分析出析取苗夹针夹取钵体不同位置时压缩补偿量的关系，为夹持力检测传感器的设计安装提供理论依据。

先对取苗机构进行简化，建立图 4-12 所式的直角坐标系，模拟取苗爪的夹苗动作，以取苗爪中心销轴（即取苗摆臂的摆动中心）为坐标原点 O，水平方向为 X 轴，竖直方向为 Y

轴。对压缩模型的分析过程为理性化分析，各零件均为刚性结构，各转动副之间的摩擦和转动间隙均不予考虑。

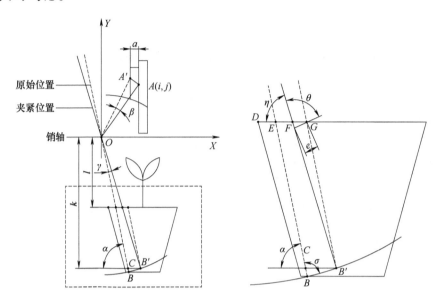

图 4-12　钵体压缩模型

a—凸轮行程　β—夹苗过程中取苗爪的转角，β=γ　α—取苗夹针插入角度（即取苗爪与水平方向的夹角）

σ—取苗倾角（即取苗爪与弦长 BB'形成的锐角）　l—在夹紧位置时取苗爪底部到销轴的距离

k—销轴到体体顶部的距离　θ—补偿倾角（即取苗爪与垂直于钵体接触面的压缩补偿量 e 形成的钝角）

η—取苗爪处于夹紧位置时与水平方向的夹角　e—垂直于钵体接触面的压缩空间补偿量

取苗机构工作时，取苗爪完成入穴取苗阶段后处于图 4-12 所示的原始位置，A 为取苗摆臂与凸轮的接触点，B 为取苗爪与钵体底部的接触点，E 为取苗爪与钵体边缘的接触点。为了研究夹苗过程中钵体压缩量与压缩空间补偿量之间的数量关系，在直角坐标系中，以销轴 O 为圆心、线段 OA 为半径 R 建立圆 O。设 A 点坐标为(i,j)，取苗爪从原始位置围绕销轴 O 转动到夹紧位置的过程中，存在以下关系：

$$\begin{cases} i^2+j^2=R^2 \\ A'(i-a,y_a) \\ (i-a)^2+y_a^2=R^2 \end{cases} \tag{4-1}$$

$$\begin{cases} A'A=\sqrt{a^2+(j-y_a)^2} \\ A'A=R\beta \end{cases} \tag{4-2}$$

取苗爪在转动过程中，取苗爪壁面不同位置处的钵体压缩量不同。当取苗爪处于夹紧位置时，取苗爪尖端 B 点沿弧线运动到 B'，取苗爪与钵体边缘的接触点为 F，钵体最大压缩量为 CB'，钵体压缩平面为四边形 ECB'F，压缩空间补偿平面为三角形 B'FG。在钵体压缩平面 ECB'F 中，存在以下关系：

$$\begin{cases} BB'=OB\times\gamma \\ \gamma=\beta \end{cases} \tag{4-3}$$

$$\begin{cases} \dfrac{BB'}{\sin\alpha}=\dfrac{CB'}{\sin\alpha} \\ \gamma+2\sigma=180° \end{cases} \tag{4-4}$$

得到钵体的最大压缩量为

$$CB'=\frac{\sin\left(\dfrac{\pi-\gamma}{2}\right)}{\sin\alpha}\times OB\times\gamma \tag{4-5}$$

为了探寻钵体最大压缩量 CB'、水平压缩空间补偿量 FG、垂直于钵体接触面的压缩空间补偿量 e 之间的关系，以便于后续传感器安装空间的优化，如图 4-12 所示，过 B' 点做一条平行于取苗夹针原始位置的直线 $B'G$，相交于钵体边缘的 G 点，过 G 点做直线 $B'G$ 的垂线段记作 e。在 $\triangle OCB'$ 和 $\triangle B'FG$ 中存在如下关系：

$$\begin{cases} \dfrac{l}{k}=\dfrac{EF}{CB'} \\ OB\times\sin(\alpha-\beta)=k \\ EF+FG=CB' \end{cases} \tag{4-6}$$

$$\begin{cases} \eta+\beta=\alpha \\ \theta-\alpha+\eta=\dfrac{\pi}{2} \\ \dfrac{FG}{\sin\theta}=\dfrac{e}{\sin\eta} \end{cases} \tag{4-7}$$

解方程组可得到，水平压缩空间补偿量为

$$FG=\left[\frac{OB}{\sin\alpha}-\frac{l}{\sin\alpha\sin(\alpha-\beta)}\right]\times\sin\left(\frac{\pi-\beta}{2}\right)\times\beta \tag{4-8}$$

垂直于钵体接触面的压缩空间补偿量为

$$e=\beta\times\frac{\sin\dfrac{\pi-\beta}{2}}{\sin\alpha}\times\left[OB-\frac{l}{\sin(\alpha-\beta)}\right]\times\frac{\sin(\alpha-\beta)}{\cos\beta} \tag{4-9}$$

通过以上分析可知，在机构尺寸不变的情况下，钵体的最大压缩量 CB' 随取苗爪安装角度 α 的增大而减小，随取苗爪转角 β 的增大而增大；水平压缩空间补偿量 FG 和垂直于钵体接触面的压缩补偿量 e 均随取苗爪安装角度 α 的增大而减小，随销轴到钵体顶部距离 l 的增大而减小（即随着取苗爪入钵深度的增大而增大），随取苗爪转角 β 的增大而增大。

由机构尺寸可得，取苗爪尖端 B 到销轴 O 的距离为 90mm，插入角度 $\alpha=78°$，$l=48$mm（取苗爪插入到钵体底部，此时插入深度 $h=42$mm）。将上述参数带入式（4-8）和式（4-9），得到水平压缩空间补偿量 FG 的范围为 0~3.97mm，垂直于钵体接触面的压缩补偿量 e 的范围为 0~3.8mm。

通过以上研究分析，可得以下结论：

① 根据高速摄像试验结果，建立了取苗夹针插拔姿态模型，分析了取苗夹针在转动夹紧钵体过程中存在不均匀压缩的情况（取苗夹针夹紧钵体转动时，底端转动量较大，对钵

体的压缩位移量也较大，上端转动量较小，对钵体的压缩位移量也较小），并提出了压缩补偿量的概念。

② 插拔姿态模型分析表明：取苗时，取苗夹针臂不同位置存在不同的压缩量变化，将全自动移栽机取苗夹针实际尺寸带入模型，得出夹紧过程中取苗夹针转动角度为 5.62°，取苗夹针壁面不同位置对钵体的压缩补偿量范围为 0~3.8mm。

4.2 取苗机构设计

4.2.1 取苗机构轨迹要求

在取投苗机构的设计中，我们采用的取苗方式为插入式，该方式的作业中过程要求取苗针插入基质，接着取苗针相向收缩聚拢，夹紧钵苗并将钵苗取出移动至取苗点进行投苗，整个过程要求无干涉现象发生。通过分析现已研究取苗机构的取苗过程以及其相应的取苗轨迹，对轨迹提出以下要求：

① 将钵苗夹紧并取出穴盘的过程中，取苗针尖点应尽量保持直线，且长度要大于苗钵高度，否则在取苗过程中钵苗会与穴盘壁产生碰撞导致基质破碎率增大。

② 在取苗过程中，为保证取苗成功率且避免取苗针与穴盘底部发生碰撞，取苗针尖端插入穴盘苗基质的深度大于 35mm 且小于 40mm。

③ 两取苗臂在作业过程中的最小间距应大于 20mm，这样可以避免在运输钵苗时钵苗与另一取苗臂发生干涉。

④ 取苗针的取苗角应处于 30°~50° 之间。

⑤ 在取苗过程中，为了防止取苗臂与穴盘壁发生碰撞，取苗轨迹的环扣宽度应小于 10mm，这样可以减少取苗针对基质的损伤。

根据上述对取苗轨迹的要求确定了 4 个目标参数，分别为取苗角、环扣宽度、插入深度以及取苗臂最小间距。

4.2.2 取苗机构运动学分析

针对国内旋转取苗机构的结构复杂、冲击刚性大、性能不稳等不足，同时结合上文中对取苗轨迹的要求，我们提出一种新型取苗机构——凸轮连杆-行星轮系取苗机构。通过对现有旋转式取苗机构轨迹形成的原理进行分析，欲实现取苗臂在插入与退出穴盘时不与穴盘发生碰撞且轨迹近似一条直线段，则需要对取苗臂进行变速。传统的旋转式取苗机构均采用非圆齿轮，这种类型齿轮的传动比是不断变化的，可以轻松实现取苗臂的变速，但非圆齿轮的轮廓设计加工较为复杂且成本较高，不利于这类取苗机构的推广使用。相较于非圆齿轮系，圆柱齿轮系具有传动更加稳定、设计制作更加简单的优点，因此基于圆柱齿轮系提出了凸轮连杆-行星轮系取苗机构。圆柱齿轮系进行传动，辅以凸轮连杆机构，通过凸轮连杆机构驱动太阳轮进行转动实现对取苗臂的变速驱动，从而使取苗臂实现应有轨迹，并且其双臂式的结构设计可以有效提高取苗机构的取苗效率。该机构的结构设计更为简单且生产成本大大降低。

凸轮连杆-行星轮系取苗机构主要由齿轮系、凸轮连杆机构与取苗臂组成。图 4-13 为取苗机构的结构简图，其中 O 点为输入轴轴心，B 点为输出轴轴心，BCD 为取苗臂，取苗臂通过 B 点固定在输出轴上，F 点为太阳轮上一点，G、E、H 点分别为各连杆的端点。凸轮摆杆机构中凸轮与输入轴固结，凸轮受输入轴的驱动进行转动，在太阳轮上固定一个立柱，立柱轴心为 F 点，立柱轴心与太阳轮轴心连线即为连杆 OF。OE 水平固定在机架上，太阳轮受凸轮连杆机构驱动进行转动，连杆 EH 与连杆 EG 以一定角度进行固定，H 点上铰接的滑轮受扭簧影响始终与凸轮轮廓接触。在行星齿轮系统中，行星轮系壳体与输入轴固定，太阳轮通过内部轴承铰接在输入轴上，而行星齿轮通过键与键槽固定在输出轴上。

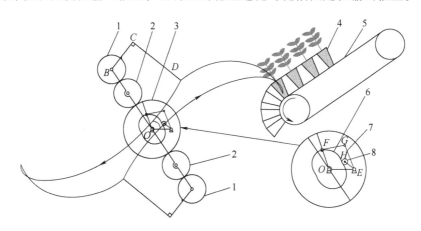

图 4-13 取苗机构的结构简图

1—行星齿轮 2—中间轮 3—太阳轮 4—穴盘 5—穴盘输送机构 6—凸轮 7—连杆机构 8—滚轮

取苗臂的壳体与输出轴固结，推苗凸轮与行星轮系壳体固结，推苗凸轮内圈轴心与输出轴轴线重合。在作业过程中，取苗臂绕推苗凸轮转动，其中铰接在取苗臂壳体上的拨叉一端受弹簧的影响始终与推苗凸轮接触，通过对推苗凸轮轮廓曲线的设计来驱动推杆进行伸长与收缩，进而实现取苗针的夹苗与推苗动作。

在取苗机构工作时，以图 4-13 所示位置为取苗机构的初始位置，电机驱动输入轴进行逆时针转动，与输入轴固结的凸轮与行星轮系壳体同时进行逆时针转动。其中，行星轮系壳体的转动使行星齿轮顺时针匀速转动，同时太阳轮受凸轮连杆的驱动进行摆动，通过行星轮系的啮合传动对行星齿轮进行变速，固结在行星轴上的取苗臂也进行变速转动从而实现图 4-13 中"飞镖"形状的取苗轨迹。在本设计中，凸轮分为两个升程阶段与两个回程阶段，且一个升程角与一个回程角之和为 180°。在凸轮与滚轮配合的升程阶段，太阳轮顺时针转动，而行星齿轮通过齿轮传动增大其顺时针转动速度；在凸轮的回程阶段，太阳轮逆时针转动，而行星齿轮通过齿轮传动减小其顺时针转动速度。通过对凸轮轮廓曲线的合理设计从而实现预期的取苗轨迹。

4.2.3 取苗机构运动模型的建立

为了对取苗轨迹进行优化，需要对结构中的每个点都建立位移方程和速度方程，并根据运动学模型开发凸轮连杆-行星轮系取苗机构的优化设计软件，然后通过优化设计软件对取苗轨迹进行优化。

1. 位移方程

图 4-14 所示为运动学模型所需要的结构参数，现根据图中各参数对机构进行运动学建模。

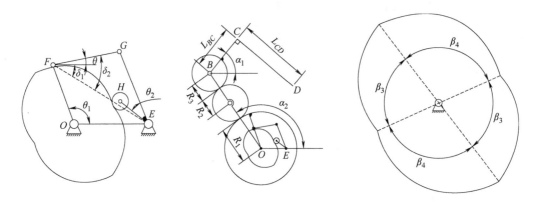

图 4-14 取苗机构的结构参数

取苗机构开始作业时，行星架 OB 以 ω 的角速度进行逆时针转动，行星齿轮轴心 B 点的位移方程为

$$\begin{cases} X_B = (R_1 + 2R_2 + R_3)\cos(\omega t + \alpha_2) \\ Y_B = (R_1 + 2R_2 + R_3)\sin(\omega t + \alpha_2) \end{cases} \tag{4-10}$$

式中，R_1 为太阳轮的啮合半径；R_2 为中间轮的啮合半径；R_3 为行星齿轮的啮合半径；ω 为行星架（OB）的角速度；t 为行星架（OB）转动时间（s）；α_2 为行星架（OB）初始位置与水平方向的夹角。

取苗臂的转动可以视为两个复合运动的结合，分别是行星架转动带动的运动以及凸轮连杆带动的齿轮啮合带动的转动，因此取苗针尖点 D 的位移方程分为以下两个部分：

1）分析行星架转动带动的取苗针尖点位移方程。其中假定太阳轮转速为 0，可得出行星齿轮与行星架的传动比为

$$i_{31}^H = \frac{\omega_3 - \omega_H}{\omega_1 - \omega_H} = \frac{z_2 z_3}{z_1 z_2} = \frac{z_3}{z_1} \tag{4-11}$$

$$i_{3H} = 1 - i_{31}^H = 1 - R_1 / R_3 \tag{4-12}$$

式中，i_{3H} 为行星齿轮与行星架的转速比；ω_1 为太阳轮角速度；ω_3 为行星齿轮角速度；ω_H 为行星架角速度；z_1 为太阳轮齿数；z_2 为中间轮齿数；z_3 为行星齿轮齿数；i_{31}^H 为转化轮系的传动比。

为了实现取苗动作的循环，行星架旋转一周后取苗臂位姿应该与初始位姿相同，因此设定取苗臂在行星架转动一圈后也同样转动整圈，即 i_{3H} 数值为负整数。设定行星齿轮与行星架的转速比 $i_{3H} = -1$，即 $R_3 = 0.5R_1$。这样在行星架绕输入轴轴心逆时针旋转一周时，取苗臂绕行星轴轴心顺时针同样旋转一周。

2）分析由凸轮连杆带动太阳轮转动通过齿轮啮合进而带动的取苗臂转动。设定太阳轮转动角度计算式为式（4-13），从式中看出太阳轮转动分为 4 个阶段，分别对应凸轮的两个升程与回程，且两升程段和两回程段对应的角度线段完全一致，即 $\beta_3 + \beta_4 = \pi$，β_4 为凸轮的回程角。

$$\lambda = \begin{cases} \beta_1 \omega t, 0 < \omega t \leqslant \beta_3 \\ \beta_1 \beta_3 \omega - \beta_2 (t - \beta_3), \beta_3 < \alpha_0 t \leqslant \pi \\ \beta_1 \omega (t - \pi), \pi < \omega \leqslant (\pi + \beta_3) \\ \beta_3 \omega - \beta_2 \omega (t - \beta_3 - \pi), (\pi + \beta_3) < \omega t \leqslant 2\pi \end{cases} \tag{4-13}$$

式中，λ 为太阳轮（OF 杆）相对于初始位置的转动角；β_1 为太阳轮在凸轮升程段的转速与行星架速度之比；β_2 为太阳轮在凸轮回程段的转速与行星架速度之比；β_3 为凸轮的升程角。

在凸轮升程段中太阳轮转动的角度与在凸轮回程段中太阳轮转动的角度大小相等、方向相反，因此满足 $\beta_1 \omega (\beta_3 / \omega) = \beta_2 \omega (\beta_4 / \omega)$，即 $\beta_1 \beta_3 = \beta_2 \beta_4$。

以上两部分结合，可得 C 点与 D 点的位移方程为

$$\begin{cases} X_C = X_B + L_{BC} \cos(\alpha_1 + (\omega t) i_{3H} - (z_1/z_3)\lambda) = X_B + L_{BC} \cos(\alpha_1 - \omega t - 2\lambda) \\ Y_C = Y_B + L_{BC} \sin(\alpha_1 + (\omega t) i_{3H} - (z_1/z_3)\lambda) = Y_B + L_{BC} \sin(\alpha_1 - \omega t - 2\lambda) \end{cases} \tag{4-14}$$

$$\begin{cases} X_D = X_{CD} + L_{CD} \cos(\alpha_1 - \omega t - 2\lambda - \pi/2) \\ Y_D = Y_C + L_{CD} \sin(\alpha_1 - \omega t - 2\lambda - \pi/2) \end{cases} \tag{4-15}$$

式中，L_{BC} 为取苗臂 BC 段长度；α_1 为取苗臂 BC 段初始位置与水平方向的夹角；L_{CD} 为取苗臂 CD 段长度。

通过得到 D 点的位移方程可以得到取苗针尖端在运动过程的运动轨迹，可以通过修改相关的结构参数来对取苗轨迹进行设计优化。

通过太阳轮的转动角度方程可得到 F 点的位移方程，再对连杆机构的运动方程进行推导得到驱动太阳轮的连杆机构中各连杆端点的位移方程，得到滚轮轴心 H 点的位移方程后可通过解析法对凸轮轮廓曲线进行设计。上述位移方程如下：

$$\begin{cases} X_F = L_{OF} \cos(\theta_1 - \lambda) \\ Y_F = L_{OF} \sin(\theta_1 - \lambda) \end{cases} \tag{4-16}$$

$$\begin{cases} X_G = X_F + L_{FG} \cos\theta \\ Y_G = Y_F + L_{FG} \sin\theta \end{cases} \tag{4-17}$$

$$\delta_1 = \arctan\left(\frac{Y_F}{L_{OE} - X_F}\right) \tag{4-18}$$

$$L_{EF} = \sqrt{(X_E - X_F)^2 + (Y_E - Y_F)^2} \tag{4-19}$$

$$\cos\delta_2 = (L_{FG}^2 + L_{EF}^2 - L_{EG}^2)/(2L_{FG}L_{EF}) \tag{4-20}$$

$$\theta = \delta_2 - \delta_1 \tag{4-21}$$

$$\begin{cases} X_H = X_E + L_{EH} \cos\left(\theta_2 + \arctan\left(\frac{Y_G - Y_E}{X_G - X_E}\right)\right) \\ Y_H = Y_E + L_{EH} \sin\left(\theta_2 + \arctan\left(\frac{Y_G - Y_E}{X_G - X_E}\right)\right) \end{cases} \tag{4-22}$$

式中，L_{OF}、L_{FG}、L_{EH}、L_{EG} 为各连杆的长度；L_{OE} 为机架长度；L_{EF} 为 E 点与 F 点之间的距离；θ 为连杆 FG 与水平方向的夹角；θ_1 为连杆 OF 与水平方向的夹角；θ_2 为 EG 杆与 EH 杆之间的夹角。

上述运动学模型是在得到满足取苗针尖点运动轨迹的滚轮轴心 H 点的运动学方程之后

利用滚轮轴心 H 点的位移方程对凸轮轮廓曲线进行的设计优化。

如图 4-15 所示，取凸轮中心 O 点为坐标轴原点，E 点为摆杆的转动轴心，以 OE 方向为 X 轴。在凸轮逆时针转动 δ 角度后，摆杆 EH 的相对角位移为 φ，摆杆 EH 与水平位置的夹角为 φ_0。

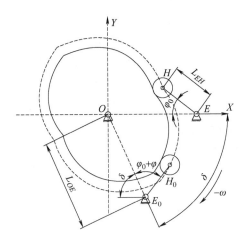

图 4-15　凸轮轮廓线设计

本书通过解析法对凸轮轮廓线进行设计。假设凸轮固定，E 点绕中心 O 点进行顺时针匀速转动，滚轮轴心 H 点则按照上述位移方程以相对于 E 点的运动规律进行摆动，通过记录滚轮轴心 H 点的运动轨迹得出凸轮的轮廓曲线。则 H 点绕 O 点顺时针转动的位移方程如下：

$$\begin{cases} X_{H_0}=L_{OE}\cos(-\delta)+L_{EH}\cos(\pi-\delta-\varphi-\varphi_0) \\ Y_{H_0}=L_{OE}\sin(-\delta)+L_{EH}\sin(\pi-\delta-\varphi-\varphi_0) \end{cases} \tag{4-23}$$

$$\delta=\omega t \tag{4-24}$$

$$\varphi_0+\varphi=\pi-\arctan\left(\frac{Y_H-Y_E}{X_H-X_E}\right) \tag{4-25}$$

2. 速度方程

上文得到了取苗机构中各点的位移方程，其位移方程可对时间 t 进行求导得到取苗机构各点的速度方程。

其中，B、C、D 点的速度方程分别为

$$\begin{cases} V_{X_B}=\dfrac{\mathrm{d}X_B}{\mathrm{d}t}=-\omega(1.5R_1+2R_2)\sin(\omega t+\alpha_2) \\ V_{Y_B}=\dfrac{\mathrm{d}Y_B}{\mathrm{d}t}=\omega(1.5R_1+2R_2)\cos(\omega t+\alpha_2) \end{cases} \tag{4-26}$$

$$\begin{cases} V_{X_C}=\dfrac{\mathrm{d}X_C}{\mathrm{d}t}=\dfrac{\mathrm{d}X_B}{\mathrm{d}t}+\left(\omega-2\dfrac{\mathrm{d}\lambda}{\mathrm{d}t}\right)L_{BC}\sin(\alpha_1-\omega t-2\lambda) \\ V_{Y_C}=\dfrac{\mathrm{d}Y_C}{\mathrm{d}t}=\dfrac{\mathrm{d}Y_B}{\mathrm{d}t}-\left(\omega-2\dfrac{\mathrm{d}\lambda}{\mathrm{d}t}\right)L_{BC}\cos(\alpha_1-\omega t-2\lambda) \end{cases} \tag{4-27}$$

$$\begin{cases} V_{X_D} = \dfrac{\mathrm{d}X_D}{\mathrm{d}t} = \dfrac{\mathrm{d}X_C}{\mathrm{d}t} + \left(\omega + 2\dfrac{\mathrm{d}\lambda}{\mathrm{d}t}\right) L_{CD} \sin\left(\alpha_1 - \omega t - 2\lambda - \pi/2\right) \\[4mm] V_{Y_D} = \dfrac{\mathrm{d}Y_D}{\mathrm{d}t} = \dfrac{\mathrm{d}Y_C}{\mathrm{d}t} - \left(\omega + 2\dfrac{\mathrm{d}\lambda}{\mathrm{d}t}\right) L_{CD} \cos\left(\alpha_1 - \omega t - 2\lambda - \pi/2\right) \end{cases}$$

$$(4\text{-}28)$$

太阳轮的转动角速度方程为

$$\frac{\mathrm{d}\lambda}{\mathrm{d}t} = \begin{cases} \beta_1 \omega, & 0 < \omega t \leqslant \beta_3 \\ -\beta_2 \omega, & \beta_3 < \omega t \leqslant \pi \\ \beta_1 \omega, & \pi < \omega t \leqslant (\pi + \beta_3) \\ -\beta_2 \omega, & (\pi + \beta_3) < \omega t \leqslant 2\pi \end{cases}$$

$$(4\text{-}29)$$

式中，$\dfrac{\mathrm{d}\lambda}{\mathrm{d}t}$ 为太阳轮的转动角速度。

4.2.4　取苗机构结构设计

1. 整体结构设计

凸轮连杆-行星轮系取苗机构的结构设计主要分为凸轮连杆机构、行星轮系与取苗臂 3 部分。该机构的动力传输分为两部分，分别是输入轴驱动的凸轮连杆机构和行星架带动的行星轮系。其中，凸轮作为凸轮连杆机构的输入驱动着各连杆机构的运动，从而驱动从动杆 OF（太阳轮）进行摆动；行星架的转动使齿轮产生啮合，行星齿轮进行与行星架转动方向相反的转动。

2. 凸轮连杆的设计

凸轮连杆机构是该取苗机构的核心部分，凸轮的轮廓曲线是取苗机构实现取苗轨迹的关键，因此凸轮轮廓曲线的设计是整个设计环节的重点。

在上述通过取苗机构优化设计软件对凸轮轮廓曲线进行设计之后得到取苗机构的各结构参数，之后输入结构参数并进行计算得到凸轮的轮廓曲线，再通过参数输入区的"导出凸轮轮廓曲线"功能将凸轮的轮廓曲线坐标导入到 Excel 文件中，然后将数据重新保存为 txt 文件格式，在 SolidWorks 中选择"插入"→"曲线"→"浏览"，选择凸轮轮廓坐标的 txt 文件，则会生成凸轮的轮廓曲线，之后将该曲线转化为实体再通过拉伸等功能对凸轮进行建模。

在设计完凸轮后，对其余连杆进行设计安装。图 4-16 所示为凸轮连杆机构的固定位置，其中凸轮通过键固定在输入轴上，随着输入轴的转动而转动。由于连杆机构中的 E 点固定在机架上，因此在机架固定板上固定一个立柱，将连杆 EH 的 E 点与立柱铰接，另一端的滚轮与凸轮接触，连杆 EH 与连杆 EG 在 E 点以一定角度固定在一起。在立柱上缠绕一个扭簧，扭簧一端与机架固定板固定，另一端固定在连杆 EH 上，并始终对连杆 EH 施加扭转力矩使得其另一端的滚轮始终与凸轮接触。连杆 FG 一端与太阳轮上一点铰接，另一端与连杆 EF 铰接。

3. 取苗臂的设计

取苗机构的设计中，取苗臂通过取苗臂壳体固定在输出轴上，驱动力通过输出轴传递到取苗臂壳体，使得取苗臂随着输出轴一起转动，取苗臂内部的推苗凸轮则固定在右壳体上。在上文中可以得到取苗臂的尺寸参数，但仍需对内部的推苗凸轮以及拨叉等零部件进行设计。

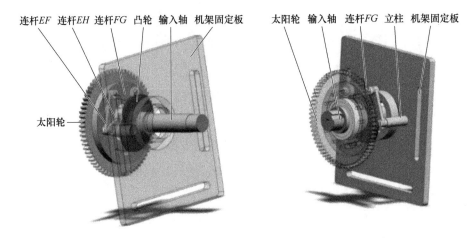

图 4-16　凸轮连杆机构

图 4-17 为取苗臂的结构简图，图 4-18 为其三维图。在运行过程中，取苗臂绕推苗凸轮转动，拨叉受弹簧力作用始终与推苗凸轮接触从而实现夹苗与推苗。故合理地设计推苗凸轮的轮廓曲线才是取苗臂能否完成推苗与夹苗的关键。

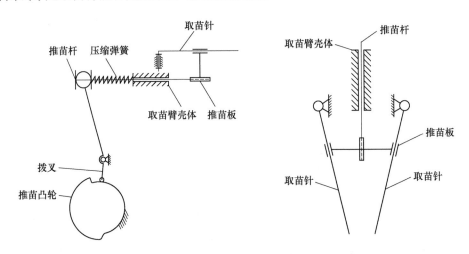

图 4-17　取苗臂的结构简图

为保证取苗针在进行取苗动作时能够顺利插入钵苗，且不对钵苗造成挤压损伤，要求取苗针的尖端应当在合理范围内尽可能尖细且厚度适中。同时，取苗针尖点相对于输出轴轴心的位置参数需要满足参数优化后的结构参数要求。

推苗凸轮共有 4 个工作阶段，分别是取苗、持苗、推苗与回程。图 4-19 所示为推苗凸轮的 4 个工作阶段，其中 dc 段为取苗阶段，在该阶段推杆受弹簧力的影响向内收缩，两取苗针收紧从而夹紧钵阶苗；cb 段为持苗阶段，在该阶段取苗针持续夹紧钵苗；ba 段为推苗阶段，在该阶段凸轮推动拨叉使推苗杆向外推出，从而使两取苗针张开并推出钵苗实现推苗。

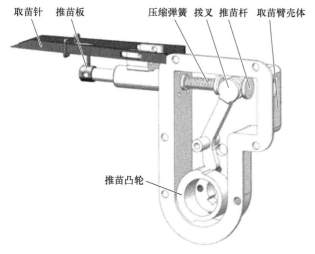

图 4-18　取苗机构的三维图

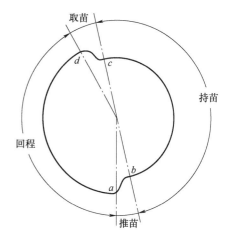

图 4-19　推苗凸轮工作阶段

　　当所有零部件的三维建模完成后，需要对各个部件间的运动关系进行分析判断，将各零部件间的配合形式确定并进行配合。配合完成后对整个机构进行干涉检查，确保机构的加工可行性以及机构运行过程中不发生干涉。

4. 取苗试验台的设计

　　完成对取苗机构的设计后，则需对穴盘输送机构进行设计。图 4-20 为穴盘输送机构的三维图。在设计过程中，穴盘放置在穴盘输送装置上，穴盘底部穴孔间的纵向槽卡在纵向导向杆之间，穴盘底部穴孔间的横向槽卡在推杆上。在安装时推杆的高度应比纵向导向杆高才不会发生干涉。在输送穴盘时，纵移电机转动带动链轮转动，两侧链条间固定的推杆则推动穴盘进行纵移，待穴盘运输到最底部时，穴盘会随着穴盘输送机构的转动发生变形，而链条上的推杆则继续推动穴盘移动，从而使穴盘弯折 180° 并从穴盘输送机构下方往反方向回收。由于在穴盘前端弯曲时穴盘的后部会承受一定的向上的反作用力，因此需要安装穴盘压板压紧穴盘，使穴盘的底部始终与穴盘输送机构接触。

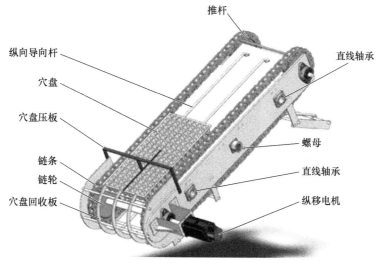

图 4-20　穴盘输送机构的三维图

穴盘输送机构三维建模完成后，对取苗试验台进行设计装配，以上述取苗角作为穴盘输送机构与水平方向的初始安装角度对穴盘输送装置进行安装。图 4-21 所示为搭建的取苗试验台，取苗机构通过机架固定板固定在机架上，穴盘输送机构则通过两对直线轴承分别套在机架上的两个支撑杆上，支撑杆起着支撑与导向的作用。穴盘输送机构的横移动作由横移电机带动丝杠转动，丝杠与螺母配合形成螺旋传动，带动整个穴盘输送机构进行横向移动。

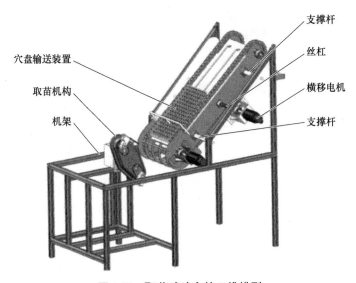

图 4-21　取苗试验台的三维模型

5. 取苗机构的虚拟仿真

进行虚拟仿真实验前需要先将模型导入 Adams 中，由于 SolidWorks 与 Adams 之间没有专用的接口能使两者之间直接进行数据交换，因此需要通过 SolidWorks 将三维模型导出为中性文件格式，然后再将其导入 Adams 中。

将模型导入后需要对模型进行环境变量的设置，包括重力的设置、工作网格的设置以及各零件材料属性的设置。表 4-1 中为取苗机构各零部件的材料名称及材料属性。

表 4-1　材料属性

零部件	材料	泊松比	弹性模量/(N/m^2)	密度/(kg/m^3)
齿轮	尼龙	0.4	1.75×10^8	950
壳体	铝合金	0.33	7.1×10^{10}	2770
其他	结构钢	0.29	2.1×10^{11}	7860

之后需要对取苗机构各零部件进行重新定义以及添加运动副，因为其装配体在转换为中性文件格式导入 Adams 后各零部件之间的装配关系均已经失效。本机构用到的主要有固定副、转动副和移动副。此外，该取苗机构还需要添加高副，包括齿轮间的运动副、凸轮连杆间的运动副等均为高副。

接着在仿真前需要对取苗机构添加驱动。其中，输入轴上施加 60r/min 的转速来模拟取苗机构的运转状态，此时满足取苗效率为 120 株/min。因为取苗机构上安装了两个取苗臂，并设置仿真时长为 4s，仿真步长为 500 步。

最后对机构进行仿真，仿真后对取苗针尖点进行标记，以显示尖点的运动轨迹。图 4-22a 所示为理论轨迹，图 4-22b 所示为仿真得到的轨迹。经过对比可以看出，两个图的轨迹几乎一致，但仿真轨迹出现了波动，其主要原因是凸轮连杆间的传动在受力最大的地方会产生一定的振动，从而导致取苗针晃动。这种晃动对取苗作业的影响可以忽略不计，可以证明理论设计的可行性。

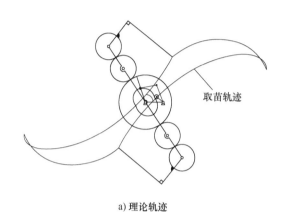

a) 理论轨迹

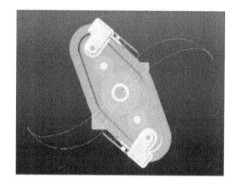

b) 仿真轨迹

图 4-22　轨迹对比

通过测量功能可以将取苗针尖点的运行速度导出，截取其中一个运转周期的速度曲线。图 4-23 所示为仿真得到的取苗机构运行一个周期的取苗针尖点各方向的线速度曲线。取苗针尖点的理论线速度曲线可通过前文设计的优化设计软件导出，图 4-24 所示为取苗针尖点的理论线速度曲线。从图 4-23 中可以看出，取苗针尖点的线速度曲线出现了波动，这种波动主要出现在太阳轮改变速度的节点。造成此现象的原因是在凸轮连杆机构对太阳轮进行驱动时，太阳轮的转速减速过快，对结构产生了一定的冲击进而导致线速度曲线产生波动。但该波动较小，对取苗成功率造成的影响较小。

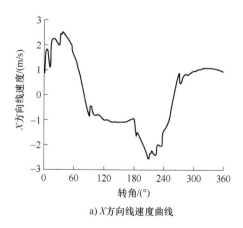

a) X 方向线速度曲线

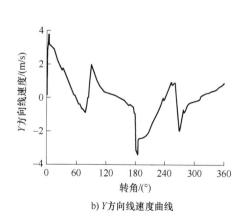

b) Y 方向线速度曲线

图 4-23　仿真得到的线速度曲线

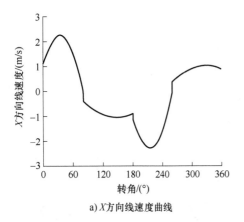

a) X方向线速度曲线

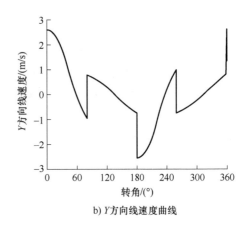

b) Y方向线速度曲线

图 4-24　理论线速度曲线

4.2.5　取苗机构力学特性分析

取苗机构的力学特性是通过 Ansys 有限元分析软件进行有限元分析的，其分析流程如图 4-25 所示。通过静力学分析得到取苗机构在正常工况下输入轴的总应变与等效应力，以此来验证输入轴的刚度与强度是否满足要求；通过模态分析得到输入轴与取苗机构壳体的模态振型以及频率，可以得到机构的动态特性，并预测在工作时是否会产生共振。

机构的力学特性分析一直是用来衡量结构稳定和安全各方面性能的主要手段。对一些简单结构的力学特性进行研究时，往往会使用传统的力学计算方法，但如果要计算较为复杂的结构，会有着庞大的计算量，就不能用传统的计算方法进行求解了。有限元理论则是先将复杂的结构划分为多个部分的组合结构，再对单一结构进行求解，之后再对连续结构的相似性问题进行考虑，将计算结果求和即可得出整体结构的力学特性。有限元法的实质就是任意具体形状的固体结构在一定的边界约束条件下会产生一定程度的刚度变形，整体结构中任意部件均处于复杂的受力情况之

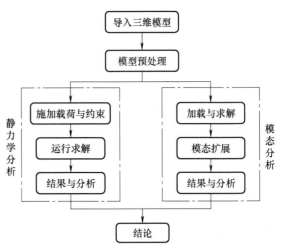

图 4-25　有限元分析流程

中。其中，基于有限元理论的有限元辅助分析软件也被开发出来。而 Ansys 软件作为目前有限元分析领域内使用者较多的软件，其普适性广，计算功能强大，可以进行多物理场的协同分析，且 Ansys Workbench 操作界面操作简单、易于上手。在使用 Ansys Workbench 进行分析时，一般需要 3 个步骤，即前处理、分析计算和后处理。前处理阶段主要是进行建模或者将模型从其他软件导入，而后对模型进行材料、约束以及载荷添加，最后对模型进行合理的网格划分，并可根据不同的结构使用不同的方法进行划分。分析计算阶段就是选择不同的方

法对处理后的模型进行求解计算。后处理阶段就是进行求解结果的分析。有限元分析得到的结果一般以不同的云图、表格等形式呈现，直观地显示模型的变化规律。

1. 模型的导入与简化

首先通过 Solid Works 和 Ansys 之间的插件功能，将取苗机构的模型导入 Ansys 中，并获得其有限元模型。可通过 CAD 配置管理器界面设置，实现两个软件的数据传输。在 Solid-Works 中可以修改三维模型参数，即可以在 Ansys 中同步更新模型。在导入三维模型之后，需要在保证精度的前提下尽可能地减少计算量，这是有限元建立模型最基本的原则。有限元模型并非越精确越好，模型的精确度越高就说明模型越复杂，虽然可以使得有限元模型自身的误差减小，但是其计算误差却随之增加，因此有限元模型只需要与分析内容相匹配即可。

（1）模型简化的基本要求　在有限元分析中，有限元模型的准确性直接影响计算的效率以及结果的准确性。尽管三维模型可以将物体的几何特性描述得十分精确，但在对有限元模型进行分析时计算量大、分析时间较长、对计算机的性能要求较高。因此，需要对实体模型采取保留特征这一简化有限元模型的方法，以减少解算时间，提升仿真系统的效率。

（2）模型简化　对于较为复杂的模型可以采取模型简化的方式进行处理，以便于后续对模型进行网格划分等工作。例如可以对模型中的复杂曲面进行修复，忽略一些对结果影响不大但会影响模型连续性的细节。此外，模型的简化还可以通过删除细节来实现。虽然模型的实际结构比较复杂，但在有限元建模时可以忽略和删除一些细节，例如一些零件的小孔、退刀槽、倒角之类的，如果保留这些细节容易在分析时出现应力集中。在配合方面，可以将一些焊接件作为一个整体来进行分析，螺栓连接可以使用节点的耦合来代替。在分析时可以利用结构的对称性进行分析，只需要分析对称结构的一半即可。这样的对称结构不仅是几何形状对称，还应该在力学性能与支撑条件等方面也对称。可以根据上述优化方法对取苗机构进行模型优化。

（3）网格划分　网格划分是整个模型创建过程中很重要的一个环节。网格化实质就是将有限元模型划分为若干个节点和单元。网格划分的粗糙程度或者划分的类型均会影响运算结果的精度以及收敛程度。可以通过 Ansys 进行自由网格划分，在进行自由网格划分时可以通过 SmartSizing 来控制单元的大小和网格的精密程度。网格划分越精密，所需要的时间就越多，计算效率就越低。可以根据需求和计算机配置进行设置，之后单击"mesh"就可以完成网格的划分。

2. 输入轴的静力学分析

输入轴是取苗机构的重要组成部分，主要负责取苗机构整体的活动，用以传递力矩，在工作状态下主要承担取苗机构整体结构的转动力矩及自重。由于在工作状态下输入轴的转速不高，故在 60r/min 的转速下对输入轴进行静力学分析，从而判断刚度和强度是否满足取苗机构的工作要求。

将输入轴模型导入到 Ansys 中，在去除了不必要的圆角等细节后对其进行网格划分。采用自动划分法对输入轴模型进行网格划分，由于自动生成的网格尺寸过大，因此对网格尺寸进行设定，完成对输入轴的网格划分。

而后定义输入轴材料为结构钢，泊松比为 0.29，弹性模量为 $2.1 \times 10^{11} \mathrm{N/m^2}$，密度为 $7.86 \times 10^3 \mathrm{kg/m^3}$。

接着根据实际情况进行条件的设定与载荷的添加。边界条件与载荷的添加是静力学分析中的重要环节，需要根据实际情况进行条件的设定与载荷的添加。在作业过程中，输入轴主要承受驱动力矩、取苗机构整体的负载力矩以及取苗机构自身的重力。通过 Solid Works 的质量统计可以得出取苗机构自身的重力为 132.99N，因此需要对输入轴施加一个 132.99N 的力来模拟取苗机构自身的重力，其方向与重力加速度方向一致。

输入轴工作状态下所承受的力矩可以通过 Adams 中的动力学仿真来求得。对取苗机构进行仿真，在取苗机构中的传动配合均采用"实体-实体"的接触方法，这样能更准确地模拟出真实运转情况下的受力。设置输入轴转速为 60r/min，在进行仿真之后对输入轴的转矩进行测量，输入轴的转动副选择"测量-力矩"，方向选择"幅值"，测量结果如图 4-26 所示，可以看出取苗机构在运行过程中输入轴所承受的最大力矩为 46660N·mm。之后再对输入轴的键槽处添加一个 46660N·mm 的力矩，由于输入轴除外部载荷外还承受自身重力，因此需要模拟一个重力，以完成载荷的添加。接着对输入轴的轴承固定部分添加约束，固定 5 个自由度，仅仅剩余 X 轴的转动，再对输入轴的末端进行约束，将其 6 个自由度完全固定。

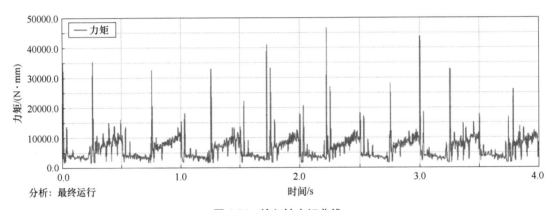

图 4-26　输入轴力矩曲线

在进行仿真试验前，需要确定评价指标，用以对仿真结果进行判断。在实际情况中，任何材料往往都受三向力的作用，而第四强度理论与这类材料的实际情况最为符合。因此，在第四强度理论导出的等效应力通常被用于强度评价。

von Mises 等效应力表示为

$$\sigma_c = \sqrt{\frac{1}{2}\left[(\sigma_1-\sigma_2)^2+(\sigma_2-\sigma_3)^2+(\sigma_3-\sigma_1)^2\right]} \tag{4-30}$$

式中，σ_1、σ_2、σ_3 为材料受三向应力下的 3 个主应力。

强度条件表示为

$$\sigma_e \leqslant [\sigma] \tag{4-31}$$

在通过 Ansys Workbench 求解得到各零部件的等效应力后，需要将其等效应力与部件材料的最大许用应力进行对比。本机构采用的材料均为塑性材料，塑性材料的许用应力可由下式求出：

$$[\sigma] = \frac{\sigma_s}{n} \tag{4-32}$$

式中，$[\sigma]$ 为许用应力；σ_s 为屈服应力；n 为安全系数，$n = 1.5 \sim 2.5$。

最后进行试验仿真，对各部件的应变总变形与等效应力云图进行求解，得到输入轴的总变形云图及等效应力云图，如图 4-27 所示。

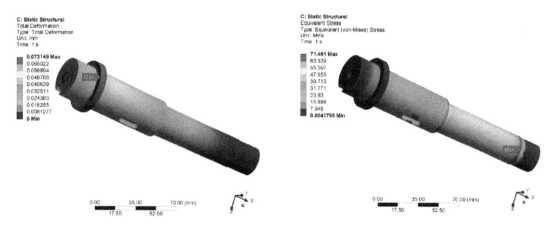

图 4-27　输入轴的总变形云图以及等效应力云图

由图 4-27 可以看出，输入轴的最大形变发生在输入轴末端的轴肩处，最大形变为 7.3×10^{-2}mm，输入轴的最大等效应力在输入轴另一端与联轴器连接的固定位置，最大值为 71.481MPa，远小于结构钢的最大许用应力 236MPa，满足设计要求。结果证明，输入轴可以满足取苗机构的工作要求。

3. 模态分析

模态分析是对结构的固有频率以及振型等动态性能的研究，是对结构的动态特性常用的分析方法。结构的动态特性是影响结构稳定性的重要因素之一，其对整个结构产生的影响可能直接导致工作效率和精度的降低。当零部件发生共振时，会严重影响工作的进行。故需要对结构的动态性能进行分析探究。

任何结构时刻都在振动。一般来说，实际存在的结构多为连续体，因此结构存在无穷阶模态，并且各阶模态均有相对应的振动频率、阻尼等模态参数。因此，对结构进行模态分析既可以验证结构设计的合理性，又可以为之后的优化设计打下基础。一般情况下，在对机构进行分析时大多只分析低阶模态，这是因为实际的大多数激励为低频激励，结构的固有频率越低越容易被外界激励。

模态分析是用来处理和解决复杂模型结构问题的主要方法，其最重要的目标是获得目标结构的振型与固有频率。需要承受动态载荷的结构就必须要先得到模型的固有频率及对应的模态振型。在模态振动理论中，可以通过模态表征一个自由度较丰富的系统，而结构中各阶固有频率所对应的振动形态为最关键的参数。

由机械振动理论可知，n 自由度无阻尼线性系统的运动方程为

$$[M]\{\ddot{x}(t)\} + [K]\{x(t)\} = \{F(t)\} \tag{4-33}$$

式中，$[M]$、$[K]$ 为结构的质量矩阵和刚度矩阵；$\{x(t)\}$、$\{\ddot{x}(t)\}$ 为结构的加速度向量和位移向量；$\{F(t)\}$ 为结构的激励力向量。

求解结构的固有频率和振型时不需要考虑外载荷的影响，则式（4-33）可以进一步化简为无阻尼自由振动的微分方程：

$$[M]\{\ddot{x}(t)\}+[K]\{x(t)\}=0 \tag{4-34}$$

由于自由振动都可以看作简谐振动，则设定结构的位移向量 $\{x(t)\}$ 为

$$\{x(t)\}=\{\varphi\}\mathrm{e}^{\mathrm{j}\omega t} \tag{4-35}$$

式中，$\{\varphi\}$ 为系统主振型向量；ω 为简谐运动的圆频率。

$$([K]-\omega^2[M])\{\varphi\}=0 \tag{4-36}$$

系统做自由振动时，结构中各点的位移不全为零，因此只有系数矩阵满足以下条件才会有非零解：

$$|[K]-\omega^2[M]|=0 \tag{4-37}$$

式（4-37）称为特征方程，方程求解可得到多个特征值 ω_1^2，ω_2^2，$\cdots$，ω_n^2，其平方根 ω_1，ω_2，$\cdots$，ω_n 称为系统的固有频率，从小到大排列分别为 1 阶，2 阶，$\cdots$，n 阶固有频率。

了解模态振型的基本理论后，接下来通过模态分析对取苗机构的输入轴以及壳体的动态特性进行分析，得到两者的多阶固有频率和振态模型。对工作状态下取苗机构传动系统的特征频率与固有频率进行对比，进而验证输入轴与壳体在工作状态下是否会发生共振。

1) 输入轴模态的有限元分析。通过 Workbench 对输入轴进行处理，求解到该模型的前 12 阶模态，见表 4-2。从表 4-2 可以看出，输入轴的前 6 阶固有频率接近于 0Hz，呈现刚性模态。这是由于在分析过程中没有添加边界约束，因此得到的模态结果中存在着 6 个自由度。得到的前 6 阶模态并无太大意义，在结果中无须进行讨论，故只提取输入轴的 7~12 阶模态振型进行分析。

表 4-2 输入轴前 12 阶模态的频率

阶数	模态频率/Hz	阶数	模态频率/Hz
1	0	7	3041.6
2	0	8	3072.4
3	0	9	7961.3
4	1.67×10^{-3}	10	8103.6
5	2.27×10^{-3}	11	8233.8
6	4.56×10^{-3}	12	13093

2) 取苗机构壳体模态的有限元分析。取苗机构中的主要传动采用的是齿轮的啮合传动，而行星架作为承载齿轮以及轴的零部件，其稳定性也对取苗机构的工作质量以及使用寿命有着很大的影响，故需要对取苗机构壳体进行有限元分析。

首先是对壳体的前处理操作，包括简化模型和网格划分，然后添加材料，行星架的材料为铝合金，其泊松比为 0.33，弹性模量为 $7.1\times10^{10}\mathrm{N/m}^2$，密度为 $2.77\times10^3\mathrm{kg/m}^3$。

对壳体的前 12 阶模态进行求解，表 4-3 为壳体前 12 阶模态的固有频率。由于取苗机构壳体在工作时产生的振动一般情况下为低阶模态，对取苗机构壳体影响较大的主要也是低阶模态，因此只需要对其低阶固有频率结果以及相应的模态振型进行分析即可。由于壳体同样采用自由模态分析，因此得到的前 6 阶模态频率接近于 0Hz，因此同样只需提取壳体的 7~12 阶模态振型。

表 4-3 壳体前 12 阶模态的固有频率

阶数	模态频率/Hz	阶数	模态频率/Hz
1	0	7	1456.7
2	0	8	1810.3
3	0	9	1885.8
4	1.05×10^{-2}	10	2055.8
5	1.24×10^{-2}	11	2292.9
6	1.45×10^{-2}	12	2450

4. 小结

取苗机构主要是通过行星轮系进行传动，因此要想避免取苗机构在运转过程中产生共振现象，则需要将齿轮传动系统的啮合频率与输入轴以及取苗机构壳体的固有频率进行对比。

行星轮系传动系统的啮合频率为

$$f = \frac{(n-n_b)z}{60} \tag{4-38}$$

式中，n 为太阳轮转速；n_b 为行星架转速；z 为太阳轮齿数。

假定取苗机构转速为 60r/min，太阳轮齿数 z 为 70，通过式（4-38）可以计算出行星轮系的啮合频率在运行过程中最大为 105Hz。从表 4-2 与表 4-3 中可以看出：输入轴以及壳体的固有频率与取苗机构正常工况下的啮合频率之间的差距较大，取苗机构的输入轴以及壳体的固有频率远大于取苗机构正常工况下的啮合频率。通过式（4-38）可知，齿轮间的啮合频率随着取苗机构转速的增加而增加，因此取苗机构的输入轴以及壳体在不大于 60r/min 的转速下均不会共振，具有良好的动态性能。

4.3 高速移栽机支撑臂振动特性与结构优化研究

农业机械的振动一般是指农业机械作业过程中，各种工作部件发生的速度、位移和加速度的振荡现象。在实际的农田作业环境中，插秧机工作部件的持续高频和高振幅振动不仅影响驾驶舒适性，而且还有可能导致关键部件脆性断裂，影响高速插秧机的栽植作业质量和使用寿命。随着社会的发展，农业机械操作人员对驾驶的舒适性及作业可靠性提出更高要求，研究农业机械振动特性，改进农业机械行驶安全性和操纵稳定性，改善驾驶员乘坐舒适性，提高生产效能已成为当务之急。目前，在水稻插秧机等农机设备的振动试验和特性分析中已取得相关研究成果，但尚未完全清楚水稻插秧机支撑臂的振动特性和振动规律。尤其是对于高速种植机械支撑臂的振动特性、振动的主要频率和模态形状之间的对应关系的研究相对较少，并且缺乏对于农业机械振动模态试验传感器布置位点的研究。

分插机构支撑臂又称为栽植链条箱，直接与回转箱和取苗爪相连，对农业机械插栽作业质量有较大影响。作为水稻插秧机动力传输系统的核心工作部件，其工作性能直接影响整机作业质量和效率。因此，开展以减振降噪技术为核心的插秧机分插机构支撑臂的振动研究具有重要意义，可为深入探究水稻栽插作业关键部件振动机理提供理论借鉴。

4.3.1 高速插秧机支撑臂有限元模态分析

根据研究方法和手段的差异，模态分析可以具体分为计算模态分析和模态试验分析，计算模态分析是指由有限元计算方法获得模态参数。经过模态分析可以计算求得各阶模态参数，同时再考虑结构所受的载荷因素后，得到结构体的实际响应，从而评价出结构的动态特性是否满足要求。有限元模态分析方法可对试验部件的边界条件、附加质量、附加刚度进行模拟，利用有限元模型仿真分析模块可有效解决试验中出现的诸多实际问题。尤其是在分析曲面薄壁结构时，有限元模态分析比用实体单元方法效率要高很多，因此实际工程中广泛应用。在本节中将综合运用有限元分析方法探究栽植机械支撑臂的振动特性，为后续结构优化设计提供理论借鉴。

1. 有限元模态分析理论基础

模态分析是一种根据结构体的固有特性来描述结构体的分析方法。对于一般的多自由度结构系统，可以通过它们自己的振型来组合不同的运动。有限元模态分析的过程是建立计算模态模型并使用计算机系统执行相关数值分析的过程。有限元模态分析的实质是求解运动方程的模态向量，一般要求运动方程具有有限个自由度且没有外部的载荷。当结构自身阻尼很小时，对模态求解结果的影响也较小，因此不再考虑结构阻尼的影响。由此，无阻尼自由振动状态的方程的矩阵表达式为

$$[M]\{\ddot{u}\}+[K]\{u\}=\{0\} \tag{4-39}$$

对于线性结构系统，式（4-39）中 $[M]$、$[K]$ 是实对称矩阵，方程具有以下简单谐波运动形式的解：

$$\{u(x,y,z,t)\}=\{\varphi(x,y,z)\}e^{j\omega_n l} \tag{4-40}$$

式中，$\{\varphi(x,y,z)\}$ 表示位移的幅值，且该位移为向量位移，可以用来表示位移向量的空间分布；ω_n 为简谐运动过程的角频率。

把式（4-40）代入式（4-39）之后，即可得到下列参数方程：

$$[k-\omega_n^2 M]\{\varphi\}\exp(j\omega_n t)=\{0\} \tag{4-41}$$

式（4-41）中，无论其他变量发生怎样的变化，t 值在式中均成立，所以可以舍去等式中含 t 的项，可得

$$[k-\omega_n^2 M]\{\varphi\}=\{0\} \tag{4-42}$$

式（4-42）即转换为求解特征值的问题，$\{\varphi\}$ 只有当该式的系数行列式为 0 时才可求出非零解，即

$$[k-\omega_n^2 M]=0 \tag{4-43}$$

或

$$[k-\lambda M]=0 \tag{4-44}$$

式中，$\lambda=\omega_n^2$。

式（4-44）左边为 λ 多项式，可以解出一组离散根 λ_i，将式（4-44）代回式（4-42）可得对应的向量 φ_i，使得下式成立：

$$[k-\lambda_i M]\{\varphi_i\}=\{0\} \tag{4-45}$$

式中，λ_i 称为结构系统的第 i 个特征值；$\{\varphi_i\}$ 称为对应的第 i 个特征向量。

2. 高速插秧机栽插系统的组成及工作原理

本设计中的高速插秧机栽插试验台及插秧机支撑臂结构示意图如图 4-28 所示。高速插秧机在工作时，一般前端发动机输出动力，经过动力输入链条箱传输至后端，链条箱内链条传动带动插秧机回转箱，插秧机回转箱内有非对称行星轮系，行星轮系在回转箱内做圆周运动，以此带动插秧机种植系统进行工作。插秧机种植系统正常工作下需要做往复插秧动作，其主要部件包括支撑臂、回转箱和插秧爪，具体结构装配形式是将支撑臂通过螺栓固定在机架上，支撑臂前端为动力输入轴，后端装有成一定角度排列的两个回转箱。每个回转箱上各安装两个插秧爪，插秧爪在回转箱行星轮系的带动下做往复圆周运动。该运动过程为错峰相对运动，可以交替完成插秧动作。与此同时，插秧机载苗台整体在底端双螺旋丝杠的带动下做间歇性往复运动，其移动速度与时间间隔与插秧机行走速度相关，同时也与插秧爪旋转周期保持同步。整体插秧过程随着行进速度的加快，后端栽植系统振动幅度变大，对栽植质量产生负面影响。严重时因插秧爪振动剧烈引起秧苗栽插直立度倾斜，容易发生倒苗现象。在插秧机高速插秧过程中，支撑臂与插秧爪直接相连，是后端插秧系统的主要支承构件。且动力传输过程是经过支撑臂内的链条将动力传输至插秧爪，其工作稳定性对插秧机作业质量和效率有直接影响。插秧机支撑臂模型如图 4-28b 所示。

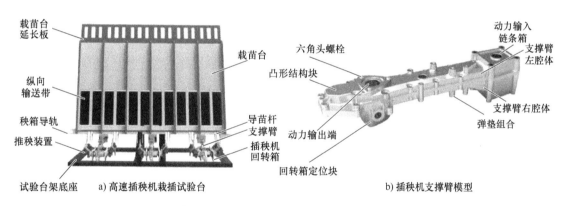

图 4-28　高速插秧机栽插试验台及插秧机支撑臂结构示意图

3. 高速插秧机支撑臂有限元模型的建立

本书中利用 SolidWorks 软件构建支撑臂三维模型，生成的文件可直接导入 Ansys Workbench 中。借助 SolidWorks 中的曲面建模模块，通过可控切线操作（例如使用控制线进行扫描、放样、填充和拖动）来生成复杂的曲面，可以直观地修剪、延伸、倒角和缝合表面。Ansys Workbench 中的模态模块集成了预处理模块、仿真分析计算模块和后处理模块。借助后处理模块可以以多种图形方式显示计算结果，例如颜色轮廓显示、渐变显示、粒子流显示、三维切片显示、透明和半透明显示，并且计算结果还可使用图形、曲线或窗体形式显示或输出。综合利用 SolidWorks 与 Ansys Workbench 软件平台的优势，可高效科学地分析插秧机支撑臂结构体的模态特性。

本设计中选用的插秧机为南通富来威农业装备有限公司生产的 2ZG-6DK 插秧机，该插秧机市场占有率较高。所选用的支撑臂的材质主要为 ZL101 铝合金，外壳经过壳型铸造后调质处理而成。部件整体上凹孔与凸起较多，整体非完全对称分布，建模时采用曲面精细化建模技术，以充分反映出结构的外部细节特征，也为更精确分析其结构特性参数提供模型支撑。插秧机支撑臂有限元模型如图 4-29 所示。

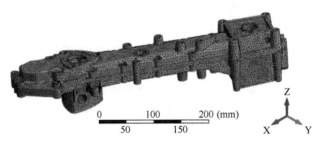

$$\begin{array}{cccc} 0 & 100 & 200 \ (mm) \\ \hline & 50 & 150 \end{array}$$

图 4-29　插秧机支撑臂有限元模型

具体建模方式为：首先在 SolidWorks 平台建立三维的支撑臂模型，该模型的测量精度误差不超过 1mm；然后将模型文件转化成能与 Ansys Workbench 平台相兼容的格式，在 Ansys Workbench 平台打开该模型文件并做出相应的有限元模型设置。为了能更精确计算分析出结构的模态参数和振动特性，还应该充分考虑模型简化、网格质量等因素。

本设计中对于模型按照以下策略进行简化处理：由于模型外部细节较多，有多处细小的凸起和凹陷，此细节对于结构整体模态参数影响较小，因此忽略支撑臂外表面细小凸起与凹陷的影响；为了便于装配，腔体表面设置了螺栓孔倒角和侧筋等结构特征，侧筋为非承载构件，故不考虑该处的影响；腔体附近焊接处的材料特性不做特殊处理，仍然按照周围的材料结构特性来进行计算。

4. 网格划分与模型设置

Ansys 的网格划分过程对计算精度有较大影响。在网格划分之前，首先做了总体计算模型规划，包括物理模型的整体构造、单元类型的设置、网格密度的确定等多方面的综合考虑。在网格划分与初步求解时，按照先简单后复杂、先粗后精、2D 单元与 3D 单元合理搭配使用的原则进行划分。由于工程结构体一般具有重复对称或者轴对称、镜像对称等特点，采用子结构或对称模型设置可以提高求解的效率和精度。为了提高求解的效率，设计中充分利用了重复与对称等特征因素。另外，有限元分析的精度与单元格的密度和几何形状也有着密切关系，设计中按照相应的误差准则和网格疏密程度进行了网格划分，避免了网格的畸形。在网格重划分过程中采用了曲率控制、单元尺寸与数量控制、穿透控制等多种控制准则。

在有限元软件平台对所建立的支撑臂模型进行网格划分。该结构体位于插秧机动力传输的关键部位，整体尺寸不大且结构件型体表面不规则，有较多的凸起和凹陷。划分时充分考虑结构件的外部轮廓特征和材料，采用六面体进行网格划分，网格尺寸设置为 2mm。定义结构模型材料为铝合金。查阅手册后可知该设置与模型实际材料相符，能够满足有限元仿真计算要求。具体的参数指标设置为弹性模量 71GPa、泊松比 0.33、质量密度 2700 kg/m³。

为了使模型的模态参数更能反映真实数据，应尽可能设置与实际装配条件下相同的约束。支撑臂的实际工作约束是支撑臂的动力输入链条箱与机架轴心位置重合并受其约束，支撑臂的回转箱定位块与机架回转箱轴心位置重合并受其约束。对支撑臂的激励选取临近激励点位置作为参考点，待分析位置作为目标点，依次通过力锤敲击激励各个激励点位置，采集激励时各个参考点处的振动响应信号。最后，获得了一个有限元模型，该模型总共包含97026 个元素和 173840 个节点。

由于结构的模态特性与本身特性和约束条件有关，因此根据插秧机作业条件和整机构造为支撑臂有限元模型添加约束条件，可以更真实地反映实际的模态特性。为了有效解决工程问题，还应尽量使有限元模型与工程实际的边界条件相同。为使模型接近实际，根据实物结构，约束位置为机架轴心位置和支撑臂的回转箱轴心位置。由于在有限元模态分析时，结构的速度、位移、加速度指标均不影响模态参数，故不再另做设置。

5. 有限元模态分析结果

当物体自由振动时，其位移会根据正弦或余弦定律随时间变化。固有频率与初始条件无关，而仅与振动系统的固有特性（例如质量、形状、材料等）有关，其对应周期被称为固有周期。对固有频率开展研究有利于保证产品稳定性。振型一般是指体系振动的形式，而与结构体振动位移的大小无关。体系发生振动时，质点的振动位移会随时间而变化。当各个质点的振动位移均增大（或减小）到某一倍数（比例）时，它的振动形式保持不变，而产生确定的振型。振型是结构系统的固有特性，振型结果一般不随结构位移、速度、加速度的改变而改变。理论分析所得振型未必与结构系统的实际测量振型相同。

在工程应用中，由于外部激振频率一般较低，所以低阶模态结果对于结构振动特性分析与结构优化意义更为显著。此外，对本设计而言，所测部件为插秧机支撑臂，外部激振一般为农田地面激励或者农机具部件自身耦合振动产生，该频率带一般为低频带。通常情况下，低频带发生持续共振对机械部件的疲劳破坏作用更加明显。故在有限元分析设计中，选取调用 Ansys 平台中 Lanczos Method 解算方法对插秧机支撑臂前 4 阶模态参数进行求解。该求解过程参数可以在计算机中设置，所得到的结果能在平台中以动态云图的形式显示。求解所得到的振型云图和固有频率结果如图 4-30 所示。

由图 4-30 可以分析出插秧机支撑臂的主要振型规律，能直观地反映出该部件在扭转变形与完全变形方面的变化。通过图 4-30a 可知，插秧机支撑臂 1 阶模态主要振型是以沿着 Z 轴正方向的弯曲变形为主，且在凸形结构块顶端出现最大振幅。通过图 4-30b 可知，其 2 阶模态固有频率为 182.04Hz，主要振型表现为沿 Z 轴负方向的弯曲变形。通过图 4-30c 可知，该结构在 3 阶模态下固有频率为 458.79Hz，主要振型表现为横向扭转变形与沿 Z 轴方向的弯曲变形。图 4-30d 表明其 4 阶模态固有频率为 672.53Hz，主要振型表现为顶端凸形结构块与动力输入链条箱的反向弯曲变形。

4.3.2 基于模态置信度矩阵优化的模态试验

模态试验也称为模态试验分析，它是为确定线性振动系统的模态参数而进行的振动测试。模态试验分析可以作为有限元模态分析的逆过程，通常在计算模态分析后开展模态试验分析，可以验证有限元结果的科学性。此过程可以为插秧机支撑臂结构优化提供可靠的数据支撑。模态试验过程主要是结合激励信号与被测系统响应信号综合分析来获取模态参数，该方法可以获得结构振动的固有特性，也可以作为判断有限元模型是否正确的重要指标。

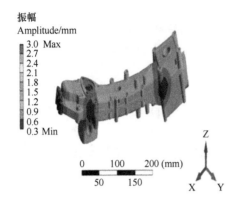

a) 支撑臂1阶模态的振型云图(98.13Hz)

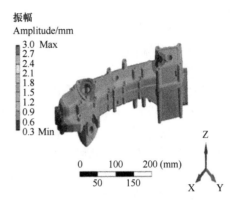

b) 支撑臂2阶模态的振型云图(182.04Hz)

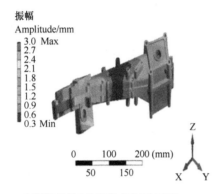

c) 支撑臂3阶模态的振型云图(458.79Hz)

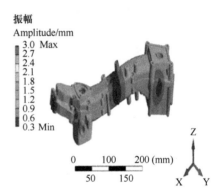

d) 支撑臂4阶模态的振型云图(672.53Hz)

图 4-30　插秧机支撑臂有限元模态的振型云图和固有频率

　　本小节介绍模态试验中的模态置信度（Modal Assurance Criterion，MAC），将其引入模态试验过程中，通过分析不同向量之间的相关性来衡量模态试验测点的可靠性，帮助优化模态试验测点。构建合理的 MAC 指数可以衡量模态之间的相似性。MAC 标准用于评估两个模型模态之间的相关性，以此来判断所构造的模态试验系统测点的选取是否科学，这有助于改善整体相关性。该方法可在试验过程中精简传感器数量，并且保证模态试验不会出现混叠现象。

1. 模态试验的理论基础

　　（1）模态试验的基本原理　模态试验是一种探究结构体模态参数固有属性的有效方法。一般先建立用模态参数表示的振动系统的方程，振动系统的物理模型和参数均为已知的，引入模态参数和模态方程可以简化计算、解除方程耦合；而后开展模态试验，通过现场振动测试的方式识别模态参数，以便于工程结构的优化。试验中根据模态叠加的原理，利用已知各种载荷的时间历史数据，就可以预测结构体的实际振动响应历史或响应谱。通过结构模态分析的方法，可以获得特定频率范围内机械结构各阶模态的振动特性，以及在各种振动源的激励下被测机械结构的振动响应结果。本设计中的模态试验系统是通过激振信号和强迫振动信号来分析模态参数的。通过采集激振力输入信号与待测部件动态响应信号来研究系统的振动特性。在模态试验过程中，采用模态力锤敲击支撑臂产生激振力信号，支撑臂受到敲击后产生强迫振动,通过分析两者之间的机械导纳函数,即可完成对模态信息的耦合分析。最后确定插秧机支撑臂的频率、阻尼和振型等关键模态信息。振动特性分析过程也可为结构系统的优化设计提供数据支撑。

(2)模态试验的基本步骤　模态试验分析技术被广泛应用于车体、轮船,机床等工业结构件的优化设计中,可以有效地提取被测结构体的固有频率、振型和阻尼等模态参数。在各种模态试验系统中,所应用的原理基本相同,本试验中的具体操作步骤可以划分为以下过程:

1)在模态试验中,对结构人为地施加了一定的动力激励,收集了每个节点的振动响应信号和激振力信号,并根据测得的力和强度采用了各种参数识别方法来获得响应信号。

2)根据现有特征参数,建立能够客观描述结构特征的数学模型。根据阻尼特性和频率耦合度的规律,还可以将所建立的数学模型分为实模态和复模态。此模型的建立是计算识别参数的基础。

3)通过数学模型和所测的响应信号分析出结构的机械导纳函数,根据机械导纳函数求解出模态参数。模态参数的识别方法因激励方法不同也有较大差异。对于求解高可靠性的模态参数而言,如何获得可靠的动态响应信号显得尤为关键。

4)最后,在识别模态振型之后,获得所测结构的整体模态参数模型,包括结构的固有频率、阻尼比、振型等信息。对于复杂的结构件,使用动画显示方法将放大的振型结果叠加在原始几何图形上。

以上 4 个步骤是模态试验和分析的主要流程。要进行模态试验,通常需要专业的模态分析软件平台。专业的软件平台搭配传感器与采集器使用可以使模态试验过程更加高效,所测得的结果也便于在计算机中直观地显示出来。通常模态分析软件平台要满足多种功能条件,包括设置多种坐标系、构建三维模型、便于切换设置传感器参数等。在平台中也能较好地反映出结构的几何特性,所测得的振型云图可以在计算机中以动画或静态图的形式进行输出。

2. MAC 理论基础

基于已有的有限元模型设计模态试验,该试验需要更科学的试验方案,试验过程应尽可能严谨。为了制定更为严谨的测量方案,使测量结果能更客观具体地反映出结构件的模态特性,必须慎重地选择传感器的测点和力锤的激励点。在模态试验过程中,由于传统测试多数由经验判定测点的选择,此方法通常需要布置足够多的测点方能反映出真实的振动特性。若传感器测点布置出现偏差,还易造成模态信号混叠,不利于模态的解耦与求解。所以,如何尽可能地精简传感器数量且能更好地满足测试精度显得尤为重要。因此,引入 MAC 可以衡量模态之间的相关性,根据相关性即可判断模态试验的方案是否科学。另外,借助最大非对角线 MAC 指标可以判断在增加额外的自由度后,模型模态参数的识别是否准确以及模态间是否保持较好的独立性,并逐步改进测试模型,以便对于给定的一组模态,使最终的测试自由度集不超过对角线 MAC 给定的阈值,以避免出现模态之间的混叠现象。MAC 的判定依据如下:

$$MAC_{ij} = \frac{|\varphi_i^T \varphi_j|^2}{\varphi_i^T \varphi_i \varphi_j^T \varphi_j} \tag{4-46}$$

式中,φ_i 和 φ_j 分别为振型矩阵的第 i 阶和第 j 阶向量。

MAC 矩阵非对角元代表了相应模态向量的交角状况。

$$MAC_{ij} = \frac{|\varphi_i^{\mathrm{T}}\varphi_j|^2}{\varphi_i^{\mathrm{T}}\varphi_i\varphi_j^{\mathrm{T}}\varphi_j} = \frac{\left|[0 \quad 0 \quad 1]\begin{bmatrix}0\\0\\1\end{bmatrix}\right|^2}{[0 \quad 0 \quad 1]\begin{bmatrix}0\\0\\1\end{bmatrix}[0 \quad 0 \quad 1]\begin{bmatrix}0\\0\\1\end{bmatrix}} = 1 \tag{4-47}$$

如果 φ_i 和 φ_j 是通过相同的参数识别方法用于估计相同模态的振型（即 $i=j$），那么它们的理论值应该非常接近，因为两个模态向量在形状上应该是相似的，并且可以通过一定的比例因子相互转换。然而，在实际中，由于数值误差、模型简化或测试条件的不同，它们之间可能存在一定的差异。当估计的是不同的模态时（即 $i \neq j$），MAC 值将相对较低，接近于 0，这表示两个模态向量之间没有明显的线性关系，即它们在形状上是不同的。

$$MAC = \frac{|\varphi_i^{\mathrm{T}}\varphi_j|^2}{\varphi_i^{\mathrm{T}}\varphi_i\varphi_j^{\mathrm{T}}\varphi_j} = \frac{\left|[0 \quad 0 \quad 1]\begin{bmatrix}0\\1\\0\end{bmatrix}\right|^2}{[0 \quad 0 \quad 1]\begin{bmatrix}0\\0\\1\end{bmatrix}[0 \quad 1 \quad 0]\begin{bmatrix}0\\1\\0\end{bmatrix}} = 0 \tag{4-48}$$

如果 φ_i 和 φ_j 是通过两种不同方法计算的模态向量，则可以将模态向量相互比较，该对比方法可以为消除非物理模态提供依据。

如果有限元模型和模态模型之间的固有频率有差别，则更需要探究该两种模型之间的振型是否一致。如果两种模型相关性较差，则需要重新规划测试方案和传感器测点，以此来保证测试结果的准确性。通常情况下，如果有限元振型试验描述的是相同阶次的振动模式，则该振型是成比例的。可以通过 MAC 值来判定它们是否为相同模态。当 MAC 值为 1 时，则反映出模态试验中模态向量与有限元模态向量是相同的；如果 MAC 值为 0，则表示两个模态向量为正。通常认为，当 MAC 值大于 0.7 时，两个模态向量可以被认为具有相对良好的线性关系；反之，则可以认为是两个向量。当 MAC 值小于 0.2 时，两个模态向量可以认为是正交的，并且两者之间没有线性关系，即模拟的有限元模型不能反映结构振动。

3. 基于 MAC 的测点优化布置

传统的模态试验过程需要布置大量的测点才可满足测量需求，并且测点的选择高度依赖以往的经验，该过程需要传感器数量多且耗费时间长。基于现有的有限元模型，有必要完善优化测试过程。为了测量物理原型系统的动态特性，传感器测点与力锤激励点的选择就显得尤为重要。如果位点选择不当，就会使测试结果产生较大的误差，甚至导致没有办法识别模态参数而终止试验。

本节中的试验对象为插秧机支撑臂，该结构为非对称结构，且外形结构不规整。在进行测点布置时应充分考虑结构的外形结构特征，使测点位置网络能很好地定义外形轮廓。在实际模态试验中，通常由于传感器测点有限或者信号噪声大等问题容易导致模态向量不正交。发生此现象后还应重新选取测点，构建新的测试坐标测量直至符合条件为止。为了能更科学地设定传感器测点，减少试验次数同时提高试验效率，还引入了 MAC 矩阵对测点布置方案进行优化设计，以便在满足测试精度的前提下，精简测点数量，优化传感器配置。其常见的

矩阵表达式为

$$MAC_{ij} = \frac{(\varphi_i^{\mathrm{T}} \varphi_j)^2}{(\varphi_i^{\mathrm{T}} \varphi_i)(\varphi_j^{\mathrm{T}} \varphi_j)} \tag{4-49}$$

式中，φ_i 表示该振型矩阵中的第 i 阶向量；φ_j 表示该振型矩阵中的第 j 阶向量。

在该处引入 MAC 矩阵的非对角元最值的概念，通过此指标可以判断出所得到的模态向量正交情况。通常以 MAC 矩阵最大非对角元极小化为目标，以构造出满足优化条件的适应度函数，输入给定数量的自由度编号，通过 MATLAB 程序计算搜索出最佳的位置节点。最后增设传感器位点使其可以完整获取所需模态数据。

以本设计中的插秧机支撑臂凸形结构块节点设置为例，开展测点优化研究。在优化之前首先获取有限元模态数据，得到其 1~4 阶模态振型矩阵。据此与 MAC 矩阵相结合，在MATLAB 平台中进行迭代计算。

支撑臂剩余自由度为 3 时出现最小值点，表明 MAC 矩阵非对角元最大值在支撑臂剩余自由度为 3 时达到最小，即最少应该在凸形结构块上边缘位置布置 3 个传感器测点方可满足测试要求。此时仅需要在凸形结构块头部边缘位置布置 3 个加速度传感器，就可以辨识出待测部件的固有频率。但开展模态试验时一般为了获得准确的模态振型，还应还在此基础之上增加额外的测点。本试验中为了能够同时获得支撑臂多阶模态振型，又在 MAC 的基础之上增加了更多的传感器测点。传感器测点的增加依据是香农定理，以求能更准确地获得结构的固有频率和模态振型。

以香农定理为依据增设传感器测点，可以获得插秧机支撑臂更完整的模态振型。测得插秧机支撑臂凸形结构块模态的最高频率后，估计此最高频率的半波长，然后在半波长的每个节点上布置 1 个传感器；再在半波长上均布两个传感器。支撑臂凸形结构块的顶端边缘长80 mm，通过有限元分析获得第 4 阶固有频率下支撑臂的一条长边的节点位移，再将其进行曲线拟合即可得到滑座变形最大的 Y 方向上的位移波形。本设计中从波形估计支撑臂凸形结构块的波长为 75 mm，需在两节点之间增设一个测点使得振型更好分辨。同理，针对支撑臂其他关键结构也可通过该种方法进行测点优化设计。

优化后的测点分布如图 4-31 所示，该模型共设置有 78 个传感器测点，能较好地定义插秧机支撑臂外形轮廓形状。图 4-31 中编号的位置为传感器的位置，序号即为模态试验中的节点编号。为了加以区分，图 4-31 中将依据 MAC 得到的节点标注为紫色，将依据香农定理增加的节点设置为绿色。通过对比模态试验传感器测点布置图和有限元模态分析 1~4 阶振型云图可知，依据 MAC 和香农定理所设置的节点均在支撑臂关键部位。这些节点多数分布在振型变化大的位置，因此所测得的节点数据对于模态振型的构建有较大的贡献度，可以满足测得完整模态振型数据的需求。

4. 基于 MAC 的模态试验

根据试验手段或条件的不同，模态分析通常包含激励试验模态分析（Experimental Modal Analysis，EMA）和工作模态分析（Operational Modal Analysis，OMA）。工作模态分析适用于大型结构件，仅能测得少数激励状态下的模态参数，一般在不便于施加激振力的条件下采取工作模态分析。由于本次试验是在实验室条件下设置完成的，被测部件结构尺寸不大，且需要求解多阶固有频率和振型，故选取激励试验模态分析的方法进行测量，能更全面地测量出支撑臂的模态特性，更好地满足工程设计需要。

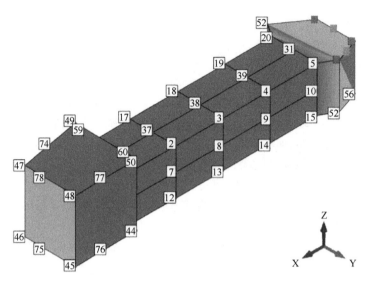

图 4-31　模态试验的传感器测点分布

（1）模态试验系统　本小节的模态试验系统由激励系统、响应系统、计算机分析平台3 个部分组成。模态试验系统一般由激振器或者模态力锤提供激振力，但本小节中结构件较小且在实验室条件下开展模态试验，故选取 086C03 型模态力锤作为激励信号源。试验时手持模态力锤敲击支撑臂即可产生强迫振动，由此分析两点之间的机械导纳函数，最终确定模态参数，如结构的频率、阻尼和振型，并为分析结构系统的振动特性和优化结构动力特性提供基础。响应系统由 356A16 型三轴加速度传感器和 DH5902 型动态信号采集仪组成，该型号的传感器与采集仪具有匹配的通信协议，可以将数据通过以太网上传至计算机。计算机中集成有 DHMA 模态分析软件，可以将所测得的模态数据分析处理获得固有频率，也可以动态动画的形式反映出支撑臂的振型。图 4-32 所示为插秧机支撑臂的模态试验流程。

为了尽可能在实验室条件下准确地测得待测结构体的固有频率和振型，在本次设计的模态试验中在实验室构建出了一套可以很好满足测试条件的悬挂式模态试验系统。使用比被测物体的刚度小得多的黑色弹簧悬挂支撑臂，以确保支撑臂平衡并悬挂在空气中。此悬挂系统可以最大限度避免外部因素对支撑臂固有属性的影响，减小因试验条件造成的测量误差，可以较为准确地求解出插秧机支撑臂的固有频率和振型。

（2）模态试验设备　由上文可知，本模态试验系统由激励系统、响应系统、计算机分析平台 3 个部分组成。插秧机支撑臂的模态试验过程采用多种传感器和采集系统，各种设备以及参数指标如下：

1）试验对象为 2ZG-6DK 型插秧机支撑臂。

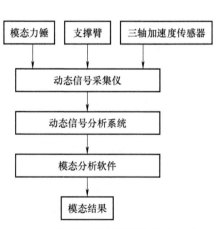

图 4-32　插秧机支撑臂的模态试验流程

2）三轴加速度传感器选用美国压电有限公司（PCB）的 356A16 型微传感器，如图 4-33 所示。

3）信号采集分析系统采用江苏东华测试技术股份有限公司的 DH5902 型动态信号采集仪，如图 4-34 所示。

图 4-33　356A16 型三轴加速度传感器

图 4-34　DH5902 型动态信号采集仪

4）信号分析与处理采用江苏东华测试技术股份有限公司的 DH5902 型动态信号分析系统，包括多条信号传输线、适配器和一套 DHDAS 动态信号采集与分析软件。该软件平台包括底层驱动程序、通信协议等。它集成了多种工程应用和分析功能，例如数据收集、基本分析、订单分析、现场动态平衡和冲击波形检测。本次试验主要应用功能包括数据采集、参数设置、数字信号分析与处理、传感器标定等。

（3）模态试验方法

1）激励方法的选择。模态试验中激励方法的选择也会对试验结果产生影响。本书中的激励部件是 086C03 型模态力锤，该力锤具有较小的输出偏差和较高的灵敏度。一般情况下，锤击法模态试验又可以分为单点激励法和单点拾振法。其中，单点激励法通常是对被测结构体用附带力学传感器的力锤施加特定范围的输入力，测量结构体各点的动态响应，然后利用模态分析软件中的频率响应函数分析模块计算就可以得到各点的频率响应函数数据。根据所得到的频率响应函数结合特定的模态参数识别方法，可以获得结构在特定频率下每个阶次的振动状态。根据该模态特性，可以估计该结构在该频带中的实际振动响应。

单点拾振法为一种简单高效的模态试验方法，在试验过程中仅需要完成一通道的激振力测量和一通道的振动响应测量就可以分析出结果。此方法适用于实验室中的小型结构体模态分析。对于小型结构体模态分析，可考虑减少传感器数目并精简传感器质量，以降低传感器附加质量对于结构振动特性的影响。根据单点拾取振动测量通过逐一激励不同输入点并测量固定输出点上的频率响应构建出频率响应函数矩阵中对应于该输出点所在数据的原理，将响应传感器固定设置在振动较大的测量现场，分别激励其余的测量点，并进行实时数据采集，可以采集到力和响应振动信号，并通过信号分析软件获得支撑臂的频率响应函数矩阵。

单点激励法模态分析的基本原理与单点拾振法相似，该方法测量的是频率响应函数矩阵的一列，也同样可以构成类似单点拾振法中的最简单的两通道模态分析系统，区别是在这种方法在测试时激励是固定的，移动的是传感器。其系统软硬件组成以及应用的场合与单点拾振法基本一致。此外，单点激励法可以组成单点激励多点响应的模态试验系统，采取单点激励、多点同时测量振动响应数据的方法来提高测试效率。该方法广泛应用于实验室中的一般结构体模态分析，由于同时测量多个点的响应数据，传感器的附加质量较大。

模态激励中的激励幅度通常较小，大的激振力水平比小的激振力更容易造成结构过载，激起结构的非线性，得到更糟的总体测量结果。本书中的选择是在进行模态试验的过程中，激振力水平要求较小，但仍依然需要选择合适的、具有良好灵敏度和分辨率的响应传感器以及高质量、高分辨率的数据采集系统。

2）约束方式的选择。模态分析通常分为自由模态分析和约束模态分析。在不向自由模态添加约束的情况下，可以使用自由模态来观察两组结构的模态参数之间的差异。此方法在工程模态分析中得到了普遍应用。因为自由模态参数是结构在无约束条件下的固有属性，其结果与外部激励条件和施加的应力均没有关联，只与结构自身有关。但是，如果要测量工作状态下结构的模态参数，则必须执行约束模态分析，即根据实际工作状态对结构添加约束。对于有预应力的结构件，若要进行模态分析还应开展静态分析，然后在保留静态分析结果的基础上进行模态分析。综合考虑试验条件，本书所选用的是自由模态分析。将4根软弹簧分别挂起部件4个边角，支撑臂悬挂于空中模拟自由状态。由于黑色弹簧绳的刚度远小于被测部件的刚度，故测出的模态参数所受弹簧绳影响可忽略，这种支承方式可以满足试验精度需求。

3）激励点的选择。为了确保系统的可识别性，模态试验的激励点不能太靠近节点或间距线。在该试验中，选择了两个激励点。在凸形结构块的侧面选择 X 轴激励点，在悬臂梁的中间凸缘上选择 Y 轴激励点（图4-35）。

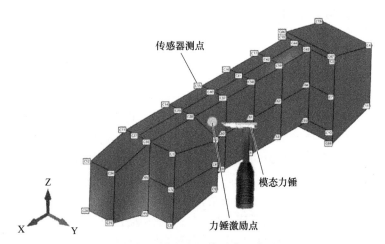

图4-35 模态力锤激励点示意图

4）模态参数的识别。本书的模态试验使用脉冲激励方法。使用模态力锤对激励点进行激励，传感器按照优化后的测点布置在结构件的周围。测试信号分别通过模态力锤和三轴加速度传感器采集至动态信号采集仪，由 DH5902 型动态信号分析系统经过信号处理求得结构件的固有频率和振型。具体试验流程如下：

使用比被测物体的刚度小得多的黑色弹簧悬挂支撑臂，以确保支撑臂平衡并悬挂在空气中。该悬挂系统中的弹簧与待测结构刚度差异较大，故在测得支撑臂响应频率的时候由悬挂系统造成的影响可以忽略不计。根据需要将三轴加速度传感器放在支撑臂的表面上，用测试导线将传感器、动态信号采集仪与计算机相连。然后模态力锤依次敲击激励点，迫使支撑臂产生强迫振动，强迫振动产生的数据同时由模态力锤和加速度传感器传输至数据采集系统中，并得到系统响应函数。模态分析系统分析整体系统响应函数后得到插秧机支撑臂的整体振动特性（图 4-36）。

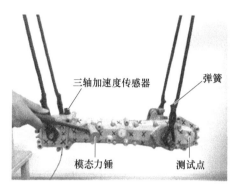

a) 支撑臂模态实测

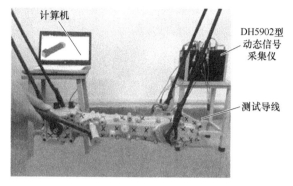

b) 模态试验整体系统

图 4-36　支撑臂模态试验

5. 小结

通过以上模态试验步骤后，将 DH5902 型动态信号采集仪所采集的动态信号数据经过以太网有线传输至计算机中。计算机中的 DHMA 模态分析软件将收集到的信号与所建立的测试模型测点逐一匹配，最后综合分析出插秧机支撑臂的模态参数，包括固有频率、振型和阻尼比。由于低频振动对于结构动力学影响更为明显，并且在低频带外部激励因素多，更容易引起共振现象，所以模态试验过程仅提取识别了支撑臂 1~4 阶的模态信息，分析识别结果如图 4-37 所示。

根据有限元模态分析和模态试验结果，通过支撑臂固有频率及振型云图可以看出，前 4 阶频率下限值为 1 阶振型时的固有频率 98.13Hz，上限值为 4 阶振型时的固有频率 672.53Hz，前 4 阶振型的固有频率均在 700Hz 以下。模态试验与有限元分析中支撑臂材料均为 ZL101 铝合金。各阶振型的阻尼比的值分别由 Ansys Workbench 软件及 DHDAS 信号分析软件直接运算求解得出。支撑臂的主要变形方式为弯曲、扭转等，前面两阶的变形程度并不明显，主要表现为轻微的弯曲，从第 3 阶开始其变形程度开始增大，主要表现为扭转变形，而第 4 阶的变形程度更大，更多表现在凸形结构块和动力输入链条箱的反向变形。

通过对比可知，有限元分析与模态试验在各个阶次上所得振型云图不完全相同。造成这种情况的原因可能有以下几种：有限元的单元格及节点数目远远大于模态试验的测点数目；有限元模型更偏向于理想化，偏向于支撑臂各处材料质地均匀，然而实际支撑臂由于铸造过程中的一些误差，实际尺寸与理论尺寸总存在偏差，材料分布也不一定均匀。

此外从图 4-37 中的各阶振型对比发现，支撑臂 X 方向顶端变形较为严重，可能是由于支撑臂臂宽较窄或者刚度不足。由前 4 阶振型云图的对比可以看出，变形程度在 90%~100% 的部位占整个模型比例较大的出现在 1 阶振型云图中，即 1 阶振型变形最为严重，这也侧面反映了 1 阶时发动机激振频率最接近固有频率，对机具的损害最为严重，在后续结构优化时要格外注意该因素的影响。

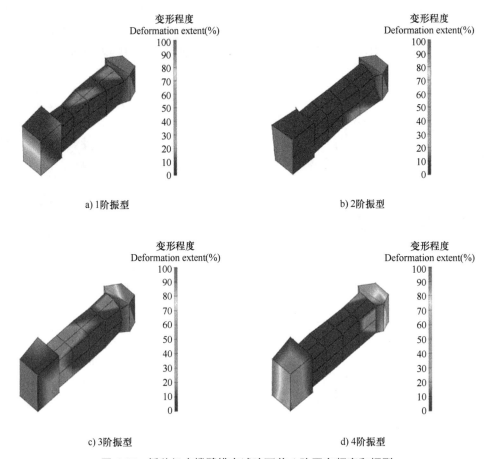

a) 1阶振型   b) 2阶振型

c) 3阶振型   d) 4阶振型

图 4-37　插秧机支撑臂模态试验下前 4 阶固有频率和振型

　　通过对插秧机支撑臂有限元模态分析结果与模态试验所得结果综合对比观察可知，所选取的前 4 阶模态结果还是较为接近的，前 4 阶模态振型基本一致且均以弯曲变形为主，固有频率不完全相同。原因可能有：运用有限元分析时对模型进行简化，所得结果与实际模型存在差异；在模态试验过程中，当使用模态力锤进行打击时，激励方向不平行于传感器轴线，这会导致试验结果错误；用强力锤子激励时，锤子可能会发生粘锤现象。

　　图 4-38 所示的 MAC 矩阵中，主对角线 MAC 均为 100%，非主对角线上各阶 MAC 都较小，证明试验与分析的振型向量具有一定的相关性，估计的模态参数比较可靠，同时也证明建立的机械臂有限元模型是准确的。

　　总体来看，支撑臂的各阶固有频率的仿真值与试验值的相对误差最大值为 3.2%，阻尼比均不超

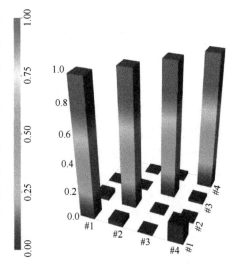

图 4-38　MAC 矩阵

过 0.5%，且振型基本一致，说明有限元仿真分析结果与模态试验结果二者的相关性很好，一定程度上也表明了模态试验的测点能够很好地反映支撑臂的模态振型及结构轮廓，验证了该种模态分析方法的准确性。同时，该插秧机所用发动机激振频率范围为 86.67~120Hz，而通过分析所得的插秧机支撑臂 1 阶固有频率恰好在该频率范围内，因此在插秧机完成高速栽插作业时，发动机所引起的支撑臂共振现象会对秧苗栽插作业质量产生影响，这为后续插秧机支撑臂的振动特性分析和减振设计提供了参考。

4.3.3 移栽机支撑臂结构优化设计

优化设计方法是从多种备选优化方案中选择最佳方案的设计方法。该过程基于数学上的最优化理论并基于计算机技术，即根据设计所需的参数，建立特定的目标函数，并在设置的各种约束下寻求最佳设计方案。优化设计是在计算机广泛应用的基础上开发的技术。该技术是根据优化原理和方法综合了各种因素，以人机协作或自动搜索的方式在计算机中进行自动设计，并在当前工程条件下选择最佳设计方案的现代设计方法。本书中拟引入优化设计相关理念，将机械设计与优化设计理论相结合，借助计算机技术自动寻求实现预期目标的最优化设计方案。

1. 支撑臂结构优化设计思路分析

根据前文中的有限元模态分析和模态试验数据，分析能够导致插秧机支撑臂共振的外部因素，以便于更科学地确定优化参数和指标。制定科学优化方案前首先应进行优化思路分析。本设计中 2ZG-6DK 型插秧机所选配的发动机型号为风冷四冲程双缸 OHV（顶置气门）发动机，该发动机采用顶置式气门，其曲轴曲拐呈 180° 角排列。当插秧机在插秧工况下，发动机的 2 阶惯性力可能成为激振力，引发共振。当发动机的转速达到 2600~3600r/min 时，其自身激振频率为 86.67~120 Hz。插秧机回转箱在插秧工况之下做回转运动，其转动速度在 60~110r/min 范围内，激振频率为 3~3.6Hz。插秧机传动系统的主轴是动力传输的关键部件，实际测得其主轴的正常工作转速在 400~600 r/min 范围内，所引起的激振频率为 13.33~20Hz。

综合分析插秧机支撑臂外部激振频率和支撑臂前 4 阶模态信息可知，在外部激振频率达到插秧机支撑臂 1 阶固有频率 101.29Hz 附近时，其两者之间有可能产生共振现象。而汽油发动机的激振频率包括 86.67~120 Hz 范围带，支撑臂 1 阶固有频率恰好在此范围之内。故在插秧机高速插秧工况之下，汽油发动机产生的激振容易引发支撑臂结构部件发生共振现象，此共振可能会对插秧机的栽植作业质量和机械使用寿命产生影响。在分析其他激振频率带后，未发现与支撑臂产生明显共振的频率范围带。因此，若对插秧机支撑臂结构进行减振优化设计，需要从改变其固有频率着手，即通过调整其结构参数，改变其系统刚度，整体提升固有频率，就能够使其 1 阶固有频率更加远离发动机激振频率。

2. 支撑臂结构优化设计方法

本书中采用优化设计的过程如下：首先，建立可以准确反映问题本质并适合优化计算的优化设计数学模型。该模型可用于描述实际优化问题的设计内容、变量关系和相关设计条件，其作为优化设计的基础可以反映物理现象各主要因素的内在关联。其次，选择合理的优化方法，编写计算机语言程序文件。最后，求得数学模型的最优解。本次设计中求解的"最优值"是指支撑臂设计在各项设计限制条件下，优选的腔体厚度、横梁宽度、臂长等设计参数，能使其在工作状态下的振动特性获得明显改善。为了获得所需的最优解，有必要对系统设计变量、约束和目标函数的基本要素进行综合分析和设置。

通常情况下设计变量包括结构厚度、材料参数、零部件的横截面积等。选取设计变量应符合以下条件：所选取的各设计变量之间应该相互独立；对产品性能或结构影响较大的参数设置为设计变量，影响较小的参数可根据经验取为试探性常量；应根据解决设计问题的特殊性来选取设计变量。在机械优化设计中，对于某种参数是否可作为设计变量，必须要考虑这种参数是否能够控制、加工制造的成本以及允许调整范围等诸多实际问题。

在实际问题中，设计变量的取值范围通常受到限制或必须满足某些条件。性能约束是针对性能要求而提出的限制条件，可根据设计范围或力学分析导出性能约束的表达式。边界约束是对设计变量的取值范围加以限制的特定约束。在本小节设计中，要求对结构中各尺寸参数的关系、强度、振动特性等加以限制，故应引入边界约束。

目标函数是由设计变量表示的特定目标形式，因此目标函数通常是设计变量（标量）的函数。在工程意义上，目标函数是系统的性能标准。建立目标函数的过程也是寻找设计变量与目标关系的过程。目标函数与设计变量的关系可以用曲线、曲面或者超曲面表示。由于目标函数仅用来作为评选方案的一种标准，所以也可以选取一个反映某项系数指标的系数来表示。

3. 基于 Isight 平台的支撑臂减振优化设计

根据前文分析结果，若要避免支撑臂发生共振现象，只需要对支撑臂结构进行改进，使其避开外部激振频率带即可。在综合分析有限元模态和模态试验结果后，以插秧机支撑臂低阶模态固有频率为优化目标进行优化。由于支撑臂固有频率的计算过程较为复杂，且参数调整具有可批量配置的特点，所以在本次设计中为方便调用多种软件平台协同优化，借助了 Isight 优化平台协同设计求最优解。本次优化过程是通过 Isight 优化平台集成和调用仿真软件进行快速的参数调节。在 Isight 优化平台中集成支撑臂的三维模型和 Ansys 源文件，采用 NLPQL（序列二次规划）优化方法，以支撑臂 1 阶固有频率为优化目标，对支撑臂侧壁腔体厚度 A、横梁宽度 B、臂长 C 进行优化。首先建立数学模型和约束条件，将系统离散成有限多个壳体单元，其单元刚度矩阵为

$$K_{ij}^e = \int_v B_{ij}^T D\, B_{ij} \mathrm{d}v \tag{4-50}$$

式中，D 为弹性矩阵；B_{ij} 为单元应力、应变关系矩阵。

单元质量矩阵为

$$M_{ij}^e = \rho AS \int_v D^T D \mathrm{d}v \tag{4-51}$$

式中，ρ 为单元质量密度；S 为单元面积。

设支撑臂材料是均匀异性材料，则单元的弹性矩阵为

$$D = \left(\sum_{j=1}^m D_j\, t_j \right) / h \tag{4-52}$$

式中，m 为单元铺层数；D_j 为第 j 个铺层的弹性矩阵；t_j 为第 j 个铺层的厚度；h 为单元厚度。

则单元刚度矩阵 K_{ij}^e 和单元质量矩阵 M_{ij}^e 按照单元节点自由度数与总体节点自由度数的对应关系集成结构体总刚度矩阵 K 和总质量矩阵 M。在不改变质量的前提之下，插秧机支撑臂的刚度和固有频率相关，刚度越大，固有频率的平方值越大。以 1 阶固有频率为目标函数，优化的约束条件如下：

$$|K - f_1^2 M| = 0 \tag{4-53}$$

$$\max f_1 = f_1(X) \tag{4-54}$$

$$X = [x_1\ x_2\ x_3] = [A\ B\ C] \tag{4-55}$$

$$\text{s. t.}\ \begin{cases} 2 \leqslant A \leqslant 8 \\ 40 \leqslant B \leqslant 100 \\ 350 \leqslant C \leqslant 600 \end{cases} \tag{4-56}$$

式中，f_1 表示支撑臂 1 阶模态固有频率；A、B、C 分别表示支撑臂的腔体厚度（mm）、横梁宽度（mm）和臂长（mm）。

优化过程是将系统固有频率求解过程集成在多学科优化设计 Isight 软件框架中，并做好输入与输出文件的解析。在 Isight 软件中根据序列二次规划法对设计变量和目标响应进行优化，按照设定次数进行迭代计算并把过程集成为一个可自动执行的系统。Isight 优化设计流程如图 4-39 所示。

设计要求是在确保增加支撑臂的低阶固有频率的同时，避免增加整个机器的组件和组件的振动激励频带。在支撑臂的 1 阶固有频率大且质量小的条件下，支撑臂的腔体厚度为 5.7mm，横梁宽度为 42mm，臂长为 497mm。将该参数配置在有限元平台的模型中，为了使优化后

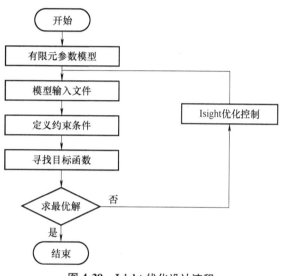

图 4-39　Isight 优化设计流程

的结果更贴合实际情况，将支撑臂 Y 轴方向增加约束，且在模型中设置与实际装配相同的横轴尺寸和材质。在此参数设置下支撑臂前 4 阶有限元模态参数见表 4-4。

表 4-4　优化后支撑臂前 4 阶有限元模态参数

阶数	固有频率/Hz	阻尼比	振型
1	135. 17	0. 15	弯曲
2	204. 23	0. 09	弯曲
3	483. 14	0. 12	扭转+弯曲
4	702. 32	0. 11	弯曲

根据图 4-40 和表 4-4 可知，优化后支撑臂的振型未有明显变化，阻尼比较优化之前有所下降。支撑臂 1~4 阶固有频率均有所变化，分别调整至 135. 17 Hz、204. 23 Hz、483. 14 Hz 和 702. 32 Hz。以上频率均已经不在插秧机汽油发动机 86. 67~120 Hz 的激振频率带内。由此可以看出，支撑臂结构参数的调整有效改变了其各阶固有频率，这种改变对避免支撑臂与外部激振部件发生共振有积极作用。

4. 优化后支撑臂减振效果验证

通过对支撑臂关键部位优化前后的参数对比分析，可以判断优化是否满足预期效果。为了使结果更具准确性和代表性，分别对 6 个关键部位的 3 个方向振动信号进行采样，3 个方向分

a) 1阶模态振型(135.17Hz)

b) 2阶模态振型(204.23Hz)

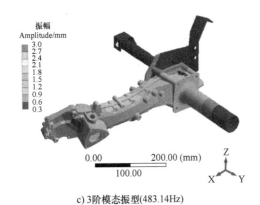

c) 3阶模态振型(483.14Hz)

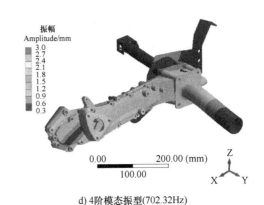

d) 4阶模态振型(702.32Hz)

图 4-40　插秧机支撑臂有限元固有频率及模态振型

别是沿 X 轴（前进方向）、沿 Y 轴（横向）和沿 Z 轴（纵向）。图 4-41 所示为测试现场。

对该振动试验地点和试验参数设置做如下说明：

① 试验地点选取：河南科技大学农业机械作业状态监测实验室。

② 试验仪器选取：在试验中进行信号采集和分析的仪器包括 DH5902 型动态信号采集仪、356A16 型三轴加速度传感器和 DH5902 型动态信号分析系统。

③ 参数设置：发动机转速为 2800 r/min，采样频率为 2560Hz，时域点数为 4096，频域点数为 1600。

④ 数据采样：在同一参数情况下采集 5 组数据，对比 5 组数据，从中找出可靠度较高的一组数据作为试验分析数据。

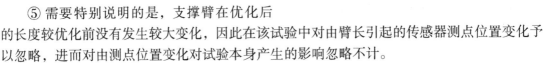

**图 4-41　支撑臂关键部位振动信号采样
试验测试现场**

⑤ 需要特别说明的是，支撑臂在优化后的长度较优化前没有发生较大变化，因此在该试验中对由臂长引起的传感器测点位置变化予以忽略，进而对由测点位置变化对试验本身产生的影响忽略不计。

第 5 章

设施农业分选移栽机器人

我国设施蔬菜产业从 20 世纪 90 年代开始快速发展,与此同时,设施蔬菜在我国蔬菜种植以及总产量中所占的比例也逐年提高。近年来我国蔬菜育苗产业发展迅速,每年生产的蔬菜约 2/3 采用育苗移栽。先育苗后移栽的钵苗种植已然成为多数蔬菜培育的主流方式。但在钵苗种植这一方式中,钵苗质量直接影响蔬菜产量,关系农民的根本利益,而导致蔬菜产量和质量下降的主要因素就是钵苗移栽后的不一致性。为解决这一问题,移栽前对蔬菜钵苗进行健康检测并将劣质苗剔除以保证作物产量及质量就显得尤为重要。因此,建立一种快速、准确、无损、能推广应用的蔬菜健康钵苗智能识别方法是我国目前蔬菜移栽过程中亟待解决的问题。结合上文所提及的机器视觉、机器学习技术与移栽机器人控制系统的研究,我们设计出一款基于钵苗信息感知的移栽分选机器人,为我国设施农业机械化发展提供相关参考。

5.1 分选机器人总体设计

为了提高移栽设备的智能化,避免由于操作不当或营养分配不均而出现劣质苗和空苗的情况,我们提出了健康蔬菜育苗智能分选算法,并针对移栽设备开发了分选移栽机构和健康苗鉴定系统。结合机械设计、光电式传感器、图像识别、PLC 控制和计算机编程技术,设计了蔬菜健康苗智能分选移栽系统,可识别穴盘苗的健康信息。

5.1.1 整体部件设计

整套系统可分为钵苗图像特征信息采集系统、穴盘自定义供给输送系统、钵苗智能识别分级系统、劣质苗剔除与优质苗补栽系统 4 大模块,如图 5-1 所示。

图 5-1 装置实体主视图

1. 钵苗图像特征信息采集系统

钵苗图像特征信息采集系统主要包括亚克力板光照箱、光源（补光灯）、显微工业相机及工业镜头、工控一体机等，其结构如图5-2~图5-5所示。

图5-2 光照箱三维正视图（外部）

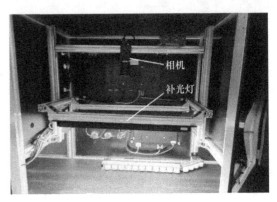

图5-3 光照箱三维正视图（内部）

图5-4 光照箱内部图

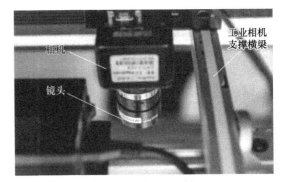

图5-5 工业相机实物图

亚克力板光照箱可以遮挡外部环境的干扰光线，使穴盘图像的采集处于相对稳定的光照环境中，便于钵苗图像的采集。亚克力板自重轻，比普通玻璃轻一半，支架需要承受的负荷小，其还有良好的表面硬度与光泽，具有"塑胶水晶"的美誉。此外，亚克力板具有优良的耐候性，对环境适应性很强，即使长时间日光照射、风吹雨淋也不会使其性能发生改变；抗冲击力强，是普通玻璃的16倍；绝缘性能优良，适用于各种电气设备。

当穴盘被输送至图像采集箱内特定位置时，即当穴盘前端在输送带带动下运行到能够遮挡漫反射式激光传感器时，PLC控制器控制输送带电机停止运转，CCD工业相机开始进行穴盘图像采集，采集到的图像信息被传输至工控一体机内，以BMP格式存储在特定文件夹。

2. 穴盘自定义供给输送系统

（1）系统介绍 穴盘自定义供给输送系统主要包括三相异步电机、定轨装置、检测装置、输送带等，其结构如图5-6和图5-7所示。

（2）驱动装置 驱动装置的选择如下：

1）电源供电方式：50Hz、220V交流电源。

2）电机类型：三相异步电动机。

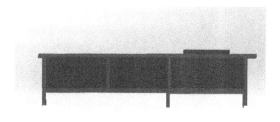

图 5-6 穴盘自定义供给输送系统三维正视图

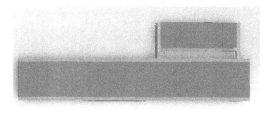

图 5-7 穴盘自定义供给输送系统三维俯视图

3）外壳防护等级：IP54。

4）安装结构形式：电机采用卧式安装且为单轴伸电机，在安装中借用地脚安装在基础构件中。

（3）检测定位装置 在检测定位装置的选择中，需选择可检测移动物体且响应时间短的传感器，同时其还有可检测混合颜色的功能。故选用 BGX-35N 型漫反射式激光传感器，其工作电压为 DC 10～30V，负载电流≤200mA，工作温度为−25～55℃，防护等级为 IP66。其实物如图 5-8 所示。

在进行蔬菜钵苗图像识别和劣质苗夹取剔除时，采用两个漫反射式激光传感器用于穴盘在输送带上的检测定位，且两个漫反射式激光传感器位于输送部件同侧。当穴盘经过时，会阻挡两个漫反射式激光传感器的信号，漫反射式激光传感器就会检测到穴盘，并将信号发送给 PLC，PLC 控制输送带立即停止。漫反射式激光传感器安装位置如图 5-9 所示。

图 5-8 激光传感器实物

图 5-9 漫反射式激光传感器安装位置

（4）定轨装置 穴盘在光照箱中进行图像采集时，需要保证穴盘在图像采集工作区域内，因此需要定轨装置来规范。除此之外，在劣质苗夹取剔除的过程中，由于机械手夹取土钵，会带动穴盘向上移动，并影响穴盘的水平位置，从而造成夹取下一劣质苗时定位不准确，也需要定轨装置来规范。因此，我们设计了定轨压板用于穴盘的定轨。滚轮可减少摩擦，让穴盘前进时阻力减少。根据穴盘的规格，可以选择不同尺寸大小的压板与穴盘配套。本装置选用标准 3×7 穴盘，其长度为 545mm，定轨装置如图 5-10 和图 5-11 所示。定轨压板分别设置在输送带两侧，确保 Y 向和 Z 向穴盘的位置。

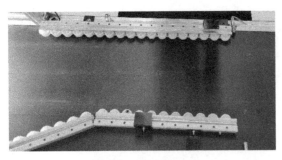

图 5-10　定轨装置实物

图 5-11　定轨装置安装位置

3. 劣质苗定点剔除系统

（1）系统介绍　该系统主要包括特制机械手、龙门架、1100mm×670mm 规格十字滑台、三菱 FX3U-80MT 型 PLC 等，其结构如图 5-12 和图 5-13 所示。

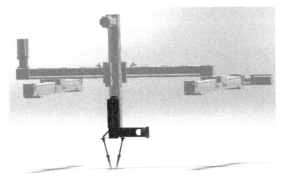

图 5-12　劣质苗定点剔除系统三维图

图 5-13　劣质苗定点剔除系统实物

此系统部件主要包括龙门架、特制机械手、1100mm×670mm 规格十字滑台、定轴、同步带模组、步进电机、连接带、PLC 控制箱等，且规定垂直于输送带前进方向并与地面平行方向为 X 轴，竖直方向为 Z 轴，与输送带平行方向为 Y 轴。

（2）龙门架　龙门架的材料选用规格为 80mm×120mm 的铝型材。铝型材较别的常用金属密度小、质量轻，密度仅为 $2.7g/cm^3$，约是铜或铁的 1/3，在使用过程中完全不用考虑其需要的承重量，能很好地承受机械手和电动机的重量。铝型材在生产过程中采用了热、冷两种工艺处理，有很强的耐腐蚀性能。铝型材具有很好的延展性能，可以与很多金属元素制作轻型合金，材质优良。相对于其他金属材质而言，铝型材可塑性强、生产性好、无金属污染、无毒性、表面氧化层无挥发性金属，对于生产制作有很好的优势。铝型材还具有良好的铸造性能，可加工成各种不同形状。铝型材表面处理性能良好、外观色泽艳丽、化学性能稳定、无磁性、可以重复回收利用，是一种良性可循环的金属材料。龙门架如图 5-14 所示。

（3）十字滑台　十字滑台的 X 轴和 Z 轴以十字交叉形式相连。十字滑台 X 轴固定在龙门架横梁上，在十字滑台 X 轴中间位置安装有同步带，十字滑台 X 轴的右端位置安装有伺服电机，且同步带安装座与十字滑台 Z 轴相连，同步带又与步进电机相连接，在十字滑台 Z 轴上安装有机械手安装板。当伺服电机启动运转时，同步带也会随之发生旋转运动，并会带

动十字滑台 Z 轴进行 X 轴方向的平移运动。十字滑台 X 轴长度为 1100mm，Z 轴长度为 670mm。十字滑台如图 5-15 所示。

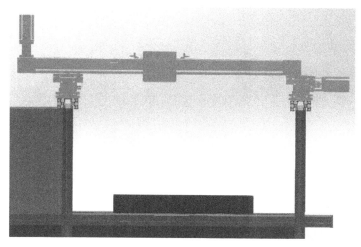

图 5-14　龙门架三维正视图

图 5-15　十字滑台三维正视图

（4）机械手及劣质苗清除机构　机械手安装板上部安装有步进电机，下部安装有机械手、曲柄摇杆机构、直线导轨等。步进电机与曲柄摇杆机构相连，曲柄摇杆机构与机械爪相连，机械爪连接在直线导轨上。当步进电机启动运转时，驱动曲柄摇杆机构转动，机械手在曲柄摇杆机构的作用下也会发生张合运动。因此，当步进电机启动运转时，就可以控制机械手进行取苗操作。

机械手下方安装有步进电机固定支架、步进电机、旋转臂和气吸管。步进电机固定在电机支架上，步进电机轴与旋转臂相连接，旋转臂末端固定有气吸管。步进电机转动带动旋转臂转动，到达劣质苗吸取工位，启动气吸装置，完成劣质苗清除工作。

机械手安装板及机械手如图 5-16 和图 5-17 所示。

图 5-16　机械手安装板及机械手三维正视图

图 5-17　机械手安装板及机械手实物主视图

5.1.2　基于机器视觉 Heal 劣质苗检测系统的研究

1. 钵苗图像处理

在钵苗图像的收集过程中，因各种外界因素影响，收集到的图像都存在一定程度的噪声等干扰现象。因此，钵苗图像必须进行图像颜色增强等预处理以减少无关干扰信息，增强钵苗特征可检测性，最大程度简化数据，从而改进钵苗特征提取和图像识别的可靠性，提升钵苗图像处理的效率。

（1）图像颜色增强　颜色特征是物体表面的本质特征，在不同的颜色空间下对图像做颜色增强处理并以此来突出目标信息、提高图像清晰度而产生的效果有很大不同。因此，选择一个合适的颜色模型进行图像的处理与分析，可以为后期目标识别的快速性和准确性奠定基础。RGB 是数字图像处理中最常用的颜色空间，它通过红、绿、蓝三原色的相加来产生其他的颜色，是一种加色混色系统。其对应的颜色空间在视觉上是非均匀的。同时它还是一个与设备相关的、颜色描述不完全直观的颜色空间。

钵苗颜色和基质颜色及穴盘颜色存在着较大的差异，而在同一穴盘中的叶片色彩相近，钵苗叶片中 G 值分量最大，而基质中 3 个分量大小相近。因此，可以将绿色钵苗进行颜色增强。由于穴盘为黑色，与基质颜色相近，为识别每一穴孔的位置，在试验前对穴盘进行均匀喷漆，将穴盘边缘喷成与基质颜色和叶片颜色差异较大的红色。红色穴盘边缘 R 分量最大，而基质中 3 个分量颜色相近。同理，可以将红色穴盘进行颜色增强。

按照以上内容，为了分别突出图像中的绿色和红色分量而减弱其余颜色分量，计算图像中每一个像素的色差，设计了该方案。计算公式如下：

$$TG = (G×3-R-B)/3 \qquad (5-1)$$

$$TR = (R×3-G-B)/3 \qquad (5-2)$$

式中，TG、TR 为色差；R、G、B 为原始图像中 RGB 颜色空间中像素的 3 个分量。

（2）阈值法图像分割　利用感兴趣的目标和不感兴趣的背景之间有着颜色的差异，采用阈值法进行图像分割，将叶片和穴盘分别从背景中分割出来。其基本原理是：通过不同的钵苗所处土壤计算其土壤调整植被指数 $SAVIgreen$，影像中 $SAVIgreen$ 大于零的部分是钵苗叶片像元，其他部分是非植被像元。

$$g(x,y)=\begin{cases}b_0 & 0>SAVIgreen \\ b_1 & 0\leqslant SAVIgreen\end{cases} \tag{5-3}$$

$$SAVIgreen=(1+L)\left[(G-R)/(G+R+L)\right] \tag{5-4}$$

式中，G、R 表示图像绿色和红色波段的 DN 值（像元亮度值）；L 表示土壤调节系数，取值范围为 0~1，这里 L 取值为 0.6。

若取 $b_0=0$（黑），$b_1=1$（白），即为通常所说的图像二值化。而阈值法又有自动阈值法和固定阈值法之分。固定阈值法是指通过分别试验确定分割绿色叶片和红色穴盘的最合适的阈值，再采用固定阈值分割叶片，效果如图 5-18 所示。从图 5-18 中可以看出，经过阈值分割，穴盘和叶片都与其他区域较好地分离出来，得到了目标区域。自动阈值法是指采用函数库中的阈值函数获得自动阈值，再采用获取的自动阈值进行分割，效果如图 5-19 所示。经过对比可以看出，固定阈值法效果更好，而自动阈值受整体颜色分量的影响，分割效果不理想，因此后续工作均基于固定阈值法开展。

图 5-18　固定阈值法效果

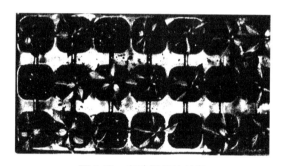

图 5-19　自动阈值法效果

（3）形态学图像处理　为减小图像光线色差造成区域不连续的影响，图像进行阈值分割后，对区域进行形态学处理。通过膨胀处理形成连通域，再用腐蚀处理缩小连通域边界。对于穴盘，由于叶片的遮挡，穴盘边缘不连续情况严重，为正确识别出每一个穴孔，需对钵苗图像进行形态学图像处理，方法如下：

先对分割出的穴盘图像进行腐蚀处理，去除被叶片遮挡造成的不规则边界。经过腐蚀处理的穴盘图像，每一穴孔的区域面积小于实际穴孔的面积，且连通域分散，边界断开。因此，再对穴盘图像进行膨胀处理，形成较规则且面积大小近似于实际穴盘的连通域，如图 5-20 所示。然后，对穴盘进行开运算，每个穴孔内部将形成一个闭合区域，再进行边缘检测可得到每一穴孔的边缘。

边缘检测是图像分割技术的一种。图像检测出边缘后即可进行特征提取和形状分析。其中 Canny 算子在通常情况下是最优的，也是最常用的边缘检测方法之一，其边缘定位精确性和抗干扰能力有着较好的折中，因此本书选择使用 Canny 算子提取穴盘边缘。从总体效果看，Canny 算子检测边缘遵循的 3 个准则如下：

1）保证成功检测出边缘，对于弱边缘也应有强响应。

2）保证边缘良好定位，检测到的边缘点的位置距离实际边缘点的位置最近。

3）保证一个边缘只得到一次检测，即算子检测的边缘点与实际边缘点是一一对应的。

经 Canny 算子检测过边缘后，再将提取的穴盘边界进行孔洞填充，即可得到每个穴孔的内部区域，如图 5-21 所示。

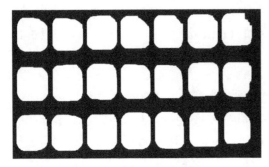

图 5-20　腐蚀膨胀处理图

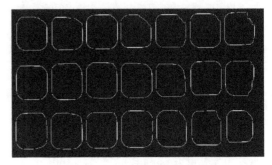

图 5-21　Canny 算子检测处理图

（4）连通域图像去噪　现实中，我们所获得的钵苗图像大部分都会受到噪声的干扰，所以对获得的图像进行去噪处理对数字图像非常重要。所谓的图像去噪，即把所获得图像中的干扰噪声减小或者去除。噪声根据服从的分布可以分为高斯噪声、泊松噪声和颗粒噪声。

1）高斯噪声。高斯噪声是一种随机噪声，是最为普遍的一种噪声。当有高斯噪声时，给人的感觉是对比度降低、层次感变差和边缘显得模糊。

2）泊松噪声。泊松噪声一般出现在照度非常小的情况下及高倍电子放大线路中。泊松噪声可以认为是椒盐噪声，椒盐噪声是指使某个像素或某个区域呈现较大或较小灰度值的噪声，其他的情况通常为加性高斯噪声。

3）颗粒噪声。颗粒噪声可以认为是一种白噪声过程，在密度域中是高斯分布加性噪声，而在强度域中为乘性噪声。

在图像处理的过程中遇到的噪声主要是高斯噪声。维纳滤波（Wiener Filtering）算法、非局部均值（NLM）算法以及三维块匹配滤波（BM3D）算法是图像处理领域去除高斯噪声时使用最广泛的三种算法。因此，我们对于钵苗图像的去噪采用 BM3D 算法，BM3D 算法是用时最短、去噪效果最好的一种算法。

获得提取出的钵苗图像后，先获得图像中的所有连通域，对连通域按照面积大小进行排序（以标准 3×7 穴盘为例）。对于叶片，由于一株钵苗的所有叶片不一定在一个连通域，所以首先通过 bwlabel 函数获得提取出的叶片图像中的所有连通域。根据面积较小区域的像素值 Mp，来去除所有连通域中像素值低于 Mp 的连通域。去噪前如图 5-22 所示，去噪后如图 5-23 所示。

图 5-22　去噪前

图 5-23　去噪后

2. 钵苗特征提取

健康钵苗智能识别及劣质苗剔除 Heal 算法主要对每株钵苗的叶面积 M（单位为 m^2）和单位叶面积的叶绿素含量 Y（单位为 $\mu mol/m^2$）这两种特征进行提取，如图 5-24 所示。

图 5-24 特征提取图

钵苗图像经过预处理后，已实现了把其钵苗图像从不感兴趣的背景中分离出来的目的，钵苗的叶面积 M 是生长状况的直观表现，因此选取钵苗的叶面积特征作为钵苗健康识别的其中一个分类依据。传统的提取钵苗叶面积特征的方法有很多，如叶面积仪测量法、方格法等，但这些方法均无法准确高效地将面积信息反馈出来，因此我们采用提取叶面积法。数字图像是由若干个正方形的像素块组成的，通过对相机尺寸进行标定，就可以得到图像像素对应的实际物理尺寸，再通过统计钵苗叶片在图像中所占像素点的个数，经过比例换算就可以获得钵苗叶片的实际面积。该方法操作简单，且计算的面积误差较小。

健康钵苗智能识别及劣质苗剔除 Heal 算法通过对钵苗图像的 R、G 值进行统计，并通过相关性关系得出钵苗单位面积的叶绿素含量 Y：

$$X = G - R \tag{5-5}$$
$$Y = 12.176 + 1.0225X - 0.0067X^2 \tag{5-6}$$

提取得到的钵苗叶面积值与钵苗穴孔面积之比作为阈值 F，健康钵苗智能识别及劣质苗剔除 Heal 算法最终通过对比阈值 F 和单位叶面积的叶绿素含量 Y 两个特征对健康钵苗进行检测。

3. 健康钵苗图像识别

通过阈值 F 和单位叶面积的叶绿素含量 Y 两个特征对钵苗健康状况进行综合分析，从而将钵苗分级为健康苗、亚健康苗、劣质苗、空穴。

Heal 算法通过将提取的钵苗特征与给定的分级条件进行对比，在识别为健康苗的质心处标出红色数字"1"，在识别为亚健康苗的质心处标出绿色数字"1"，在识别为劣质苗的质心处标出蓝色数字"0"，在识别为空穴的质心处标出黄色数字"1"。识别结果如图 5-25 所示。

5.1.3 多方位自反馈控制系统

1. 控制系统的硬件设计

控制系统由三菱 FX3U-80MT PLC、行程开关、检测装置、驱动装置、执行装置等组成，集成于 PLC 控制箱内。控制箱实物如图 5-26 所示。

图 5-25　识别结果

　　整个装置需要控制的流程较为复杂，如果选用单片机作为核心控制系统，因装置抗干扰能力差运行容易出错，而 PLC 具有可靠性高、抗干扰能力强、编程简单、设计安装容易、维护方便、体积小、耗能低等特点，满足本装置对控制系统的要求。三菱 FX3U-80MT PLC 运行稳定、口碑较好、性价比高，一直深受广大消费者的信任和喜爱，因此选用三菱 FX3U-80MT PLC 作为整个装置的核心控制元件。三菱 FX3U-80MT PLC 的工作电压为交流 220V，输出频率为 80kHz。工控一体机和控制箱之间采用 USB3.0 数据线连接，进行通信和数据的交换。工控一体机与图像采集装置通过 USB3.0 数据线连接，进行图像的采集。检测装置由两个漫反射式激光传感器组成，用来获取穴盘的位置。在进行钵苗图像识别时，应保证穴盘在合适的位置，以使相机能拍摄穴盘的完整图像，在后续夹取剔除时，也用来获取当前穴盘的行信息。辅助龙门架和机械手的驱动装置由电机和驱动器组成，可

图 5-26　控制箱实物

将穴盘输送至需要夹取的指定一排。执行装置为机械手，机械手在龙门架 X 轴和 Z 轴方向移动到此排需要夹取的穴盘上方，开始向下移动并通过夹爪开合来夹取剔除劣质苗。当夹取剔除完毕，机械手复位到原点并停止动作，PLC 向工控一体机发送单次完成信号。控制系统工作示意图如图 5-27 所示。

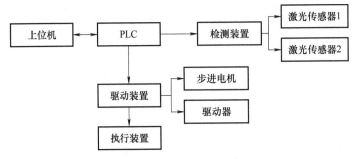

图 5-27　控制系统工作示意图

2. 控制系统电路的搭建

本装置的自动控制核心采用的是三菱 FX3U-80MT PLC，具有 40 点输入、40 点输出（可扩展到 128 点），自带两路输入电位器，8000 步存储容量，并且可以连接多种扩展模块、特殊功能模块。

用 PLC 作为核心的控制系统具有可靠性高、抗干扰能力强、编程简单的特点，采用直接拼插设计理念，减少接线量与控制板线路连接复杂程度，可大大提高控制系统整体稳定性。在搭建控制系统电路时，将装置中控制机械手运动的两个步进电机和一个伺服电机的驱动装置与 PLC 相连，PLC 通过控制发出脉冲的数量和频率来控制电机的运转。装置中控制输送带运转的三相异步电机也与 PLC 相连，PLC 通过控制电源的通断来控制三相异步电机的运转，进而控制输送装置的运行。将两个漫反射式激光传感器与 PLC 相连，用来检测穴盘的运行位置并根据穴盘位置发送相应的控制指令。通过 PLC 与装置的各部分进行连接、控制和监控来保证整个装置的平稳运行。

5.1.4　钵苗智能识别分级与多方位自反馈控制的相互协作

PLC 编程软件使用与三菱 FX3U-80MT PLC 相配套的 GX Developer 软件，采用梯形图（Ladder Diagram）程序设计语言进行程序的编辑。梯形图程序设计语言采用梯形图的图形符号来描述程序，梯形图程序设计与电气操作原理图相对应，且与原有继电器逻辑控制技术相一致，简单、直观、易于学习和掌握，在工业过程控制领域被广泛采用。在本装置中 PLC 的主要作用是接收工控一体机发出的指令，并根据相应的指令控制输送系统和劣质苗剔除系统的运行。

工控一体机控制系统使用 Visual Studio 2013 编程软件，采用 C 语言作为程序设计语言。C 语言具有强大的可移栽性和跨平台的特性。C 语言是许多编程语言的基础，虽然程序的编写相比于 Java 和 Python 较为复杂，但 C 语言程序的执行速度较快、稳定性较好，可以与 PLC 之间通过 Modbus 通信协议很容易地建立起串口并通过串口 EIA-485 物理层进行通信。工控一体机控制部分主要的作用是控制图像采集系统采集蔬菜钵苗图像并将其存储到指定的文件夹中，控制 Heal 识别算法对采集的钵苗图像进行处理，并将钵苗图像处理结果通过通信协议发送至 PLC，与 PLC 实时保持通信组成一个闭环控制系统。

将工控一体机与 PLC 两者相结合对整个装置进行控制，达到闭环控制、实时监控的效果。当其中任何一个环节发生意外中断或执行出错时整个控制系统就会停止工作，根据实时的反馈信息就可以分析得出在执行哪个环节时出现错误，增加了控制系统的可读性和稳定性。

1. 控制系统对钵苗图像特征信息采集系统的控制

本装置将 PLC 与机器视觉技术相结合，与过去依靠人工或者半自动的检测方式相比，更加稳定可靠。PLC 是钵苗图像特征信息采集系统的控制核心，当穴盘前端在苗盘自定义供给输送系统带动下输送到光照箱内特定位置时，第一个漫反射式激光传感器检测到穴盘的位置信息，PLC 控制苗盘自定义供给输送系统停止工作，并向钵苗图像特征信息采集系统发送就绪信号，此时钵苗图像特征信息采集系统控制工业相机进行拍照，采集穴盘的图像信息，并将拍摄的图片以 BMP 格式存储在工控一体机指定文件夹内，以便 Heal 识别算法调取处理。当工业相机拍摄工作完成后，PLC 会接收到钵苗图像特征信息采集系统发送的拍摄完成信号，并控制穴盘自定义供给输送系统开始工作，将穴盘运离光照箱，并将穴盘输送至劣质苗定点剔除区域。控制系统控制钵苗图像特征信息采集系统示意图如图 5-28 所示。

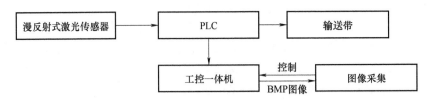

图 5-28　图像特征信息采集系统示意图

与传统的以继电器为主的控制系统控制图像采集方式相比，PLC 具有可靠性高、抗干扰能力强、用户使用方便、通用性强、故障率低等特点。近年来，随着 PLC 价格的不断降低和功能的不断增强，它在图像采集等多个领域可以替代价格比其昂贵的数控系统。

2. 控制系统对劣质苗定点剔除系统的控制

本装置采用输送带运送穴盘，并采用机械手实现对劣质苗的定点剔除。图像采集过程完成后，在 PLC 控制系统的作用下，三相异步电机驱动输送带以一定的速度带动穴盘移动。当第二个漫反射式激光传感器检测到穴盘到达劣质苗定点剔除系统指定作业区域时，漫反射式激光传感器发送指令"01"至 PLC，PLC 控制输送带停止移动。此时钵苗智能识别分级系统与 PLC 之间依据 Modbus 通信协议通过指令的形式进行信息的传输。

当 Heal 识别算法识别出穴盘内无劣质苗时，钵苗智能识别分级系统发送指令"09"至 PLC，PLC 控制穴盘自定义供给输送系统开始工作，将穴盘运离工作区域。当 Heal 识别算法识别出穴盘中有劣质苗时，钵苗智能识别分级系统发送指令"03"及劣质苗坐标 (Y_1, X_1) 至 PLC，PLC 依据劣质苗坐标 X_1，发出相应的脉冲作用于伺服电机，伺服电机带动机械手在十字滑台上沿着 X 轴方向移动相应的距离。同时，PLC 发出固定脉冲作用于 X 轴方向上的步进电机和 Z 轴方向上的步进电机，完成机械手在十字滑台上沿 Z 轴方向的移动及夹取动作，实现对劣质苗的剔除。剔除工作完成时，PLC 发送指令"04"至钵苗智能识别分级系统。如果穴盘中的劣质苗已被剔除完毕，钵苗智能识别分级系统发送指令"09"至 PLC，PLC 控制三相异步电机转动，将输送带上的穴盘运离工作区域。如果穴盘中仍有劣质苗，钵苗智能识别分级系统发送指令"03"及第二个劣质苗坐标 (Y_2, X_2) 至 PLC，在 PLC 的作用下输送带继续向前运动，当漫反射式激光传感器检测到穴盘走过 Y_2-Y_1 的距离时，发送指令"01"至 PLC，输送带停止运动，在 PLC 的作用下机械手完成对该劣质苗的剔除工作。剔除工作完成时，PLC 发送指令"04"至钵苗智能识别分级系统。钵苗智能识别分级系统及 PLC 重复以上工作，直至穴盘内无劣质苗。此时，钵苗智能识别分级系统发送指令"09"至 PLC，PLC 控制三相异步电机转动，将输送带上的穴盘运离工作区域。控制系统控制劣质苗定点剔除系统的过程示意图如图 5-29 所示。

3. 控制系统的人机交互界面设计

我们自主研发的人机交互界面是用户与计算机之间传递、交换信息的媒介和对话接口，本装置的人机交互界面包括工控一体机人机交互界面和 PLC 人机交互界面。本装置的人机交互界面把计算机语言转换成使用者能够接受的形式，能够帮助使用者简单、正确、迅速地操控设备，使本装置发挥最大的效能。

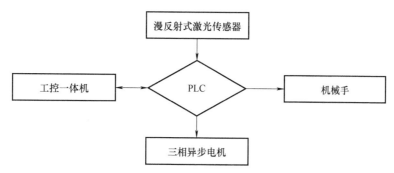

图 5-29　控制系统控制劣质苗定点剔除系统的过程示意图

用户可以通过工控一体机人机交互界面控制图像采集系统的拍照方式，也可以通过串口命令控制图像采集系统采集穴盘图像，还可以手动点击进行拍照。该界面还能控制工控一体机对钵苗图像进行处理，用户通过该界面可以清楚、直观地看到经 Heal 识别算法处理过的钵苗图像以及穴盘内的劣质苗数、像素阈值、面积阈值、绿色阈值和红色阈值等信息，并能将这些信息保存至工控一体机内。

用户可以通过 PLC 人机交互界面控制输送带运动，并能控制机械手夹取剔除劣质苗，也能够控制装置的启动与暂停、械手夹取劣质苗的速度，以及伺服电机和步进电机的转速，并对劣质苗的坐标进行定位，同时还可以控制机械手在 X、Y、Z 方向的移动。通过 PLC 人机交互界面还可以控制装置的运行模式，装置既可以人为主观控制也可以自主运行。

本装置的人机交互界面还可以显示设备发出的警告、故障提示等，能够在线监控工控一体机对钵苗图像的处理和 PLC 控制器控制机械手定点剔除劣质苗的过程，帮助人们及时反馈装置的运行状态。

5.1.5　控制系统工作流程

① 先将穴盘按照预先在输送带上指定的 X 向位置放入并调整位移平台，然后输送电机启动，输送带开始运动，将穴盘输送至光照箱内，到达指定拍摄位置。

② 当传感器检测到穴盘到达指定位置，PLC 及时控制输送电机停止运转，并向工控一体机发送就绪信号，此时工控一体机控制相机进行拍照，采集穴盘的图像信息，并将拍摄的图片以 BMP 格式存储到指定文件夹内，以便 Heal 识别算法调取处理。

③ 当相机拍摄工作完成后，工控一体机发送拍摄完成信号给 PLC，PLC 控制输送电机开始运转，将穴盘运离光照箱，并输送至劣质苗剔除特定区域。

④ 当劣质苗剔除特定区域位置传感器检测到穴盘到达指定位置时，PLC 控制系统控制输送电机停止运转，进行劣质苗的夹取剔除工作。

⑤ 工控一体机内置的 Heal 识别算法通过采集到的钵苗图像判断穴盘中有无需要夹取的劣质苗，若有，进行步骤⑥，若无，进行步骤⑨。

⑥ 工控一体机通过 Heal 识别算法计算出穴盘中劣质苗的坐标，并将这些劣质苗坐标依

次存储在识别系统中。

⑦ 工控一体机会将按照行和列排序的待夹取剔除劣质苗的坐标发送至 PLC，PLC 接收工控一体机的信号，控制输送带电机运转，将穴盘输送至需要夹取的指定一排，机械手在 X 轴和 Z 轴方向移动到此排需要夹取的劣质苗上方，再开始向下移动并通过夹爪开合夹取剔除劣质苗。当夹取剔除完毕，机械手回到原点并停止动作，PLC 向工控一体机发送单次完成信号。

⑧ 工控一体机接收到 PLC 器发送的单次完成信号，判断系统中是否还存储有劣质苗坐标，若有，继续步骤⑦，若无，进行步骤⑨。

⑨ 工控一体机发送结束信号给 PLC 控制系统，控制系统控制输送带运转将穴盘运离劣质苗剔除系统作业区域。

5.2 移栽机器人的总体设计

蔬菜钵苗移栽机主要分为田间作业钵苗移栽机与温室作业钵苗移栽机，本节主要研究温室作业钵苗移栽机械。现阶段，我国钵苗移栽机发展相对于发达国家仍有不小的差距，在移栽效率、移栽精度、钵苗损伤率、功能性上相较于美国、荷兰、以色列等国家仍有一定距离。提高移栽效率、移栽精度与降低钵苗损伤率是研究钵苗移栽机械的关键，对提升设施园艺农业生产整体作业效率有着重要的意义。

钵苗低损避让移栽机械手的整体结构如图 5-30 所示，其主体由穴盘运输定位机构、栽培槽运输定位机构、整体框架、水平平移机构、垂直平移机构与钵苗移栽末端执行器构成。机构整体高度为 1.7m，宽 1.4m，长 1.8m。穴盘钵苗低损移栽机器人由 6 部分构成。第 1 部分为穴盘定位传输机构，其主要功能是对穴盘进行定位与运输，并完成钵苗侧边图像的获取。第 2 部分为栽培槽定位传输系统。第 3 部分为框架。第 4 部分为取苗桁架机构，其采用了双导轨设计，降低了取苗机构末端执行器的干涉空间，提升了末端执行器的安装数量。第 5 部分为双轴驱动系统，其由两组直线丝杠构成，主要负责驱动末端执行器在 X 轴与 Z 轴方向的移动。第 6 部分为取苗机构末端执行器，主要功能是对钵苗进行低损取投作业，其自身由伺服电机驱动，可以保证其工作精度，并精确控制工作行程。

5.2.1 穴盘运输定位机构

穴盘运输定位机构由穴盘输送带与图像获取装置构成。图像获取装置使用了 Intel RealSense D415 RGBD 摄像机，分辨率为 1280×720 像素，帧率为 17~90 帧/s，成像距离为 280~10000mm。摄像机安装在距离穴盘边缘 300 mm 处的导轨上，镜头高度与穴盘高度平齐，可控制导轨上的滑块进行水平移动来调整光轴位置。在摄像机上方安装两个 30mm×90mm 的 KM-BRD 7530 LED 光源，光线正对钵苗侧端，总功率为 9W。摄像机通过 USB 接口将 RGB 图像与深度图像传输至计算机端，通过图像处理软件获取钵苗的侧边图像信息。载有钵苗的穴盘通过穴盘输送带进行运输，额定功率为 200W，运输速度为 0.5m/s，两边加装限位装置对穴盘轴向移动进行限位，在输送带中部安装转向定位板对穴盘水平方向移动进行限位。钵苗图像采集系统的结构如图 5-31 所示。

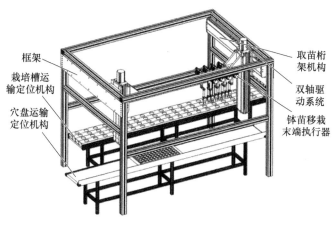

a) 结构示意图

b) 实物图

图 5-30　钵苗低损避让移栽机械手的整体结构

在穴盘定位装置的选择中，需选择可检测移动物体且响应时间短的传感器，同时其还应有检测混合颜色的功能，故选用 SYM18J-D50N1 型漫反射式激光传感器，其工作电压为 DC 10~30V，负载电流 ≤200mA。其具体参数如图 5-32 所示。漫反射式激光传感器的安装位置如图 5-33 所示。

在进行钵苗移栽的过程中，需要保证穴盘位置保持固定，因此需要限位装置来规范。此外，由于末端执行器在进行取苗作业时会带动穴盘向上移动，从而造成下次钵苗移栽定位不准确，也需要限位装置来规范。因此设计了限位压板用于穴盘的垂直方向限位。根据穴盘的规格，可以选择不同尺寸大小的限位压板与穴盘配套。本装置选用标准 72 孔穴盘，其长度为 540mm，限位装置实物如图 5-34 所示。限位压板分别设置在输送带两侧，以确保在 Y 向和 Z 向穴盘位置固定，如图 5-35 所示。

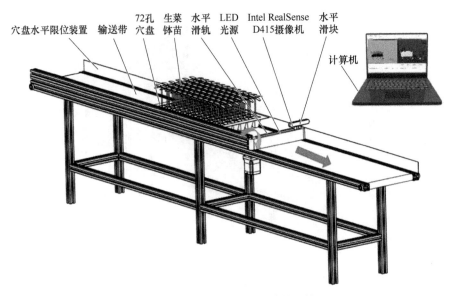

穴盘水平限位装置　输送带　72孔穴盘　生菜钵苗　水平滑轨　LED光源　Intel RealSense D415摄像机　水平滑块　计算机

图 5-31　钵苗图像采集系统的结构

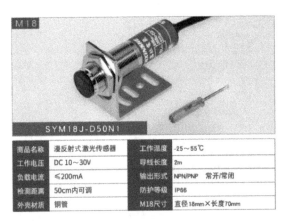

图 5-32　漫反射式激光传感器实物及参数

图 5-33　漫反射式激光传感器的安装位置

图 5-34　限位装置实物

图 5-35　限位装置安装位置

5.2.2　钵苗移栽末端执行器结构设计

在钵苗移栽机构中，钵苗移栽末端执行器的设计以 MA16-50 气缸作为驱动元件，取苗针与气缸进行固定，因此可以通过控制垂直直线模组行进速度，进而控制取苗针插入钵苗基质的速度。根据不同基质来调节取苗针的插入速度，便于试验分析取苗针插入速度与取苗质量间的关系，也可根据不同基质配比调节取苗针插入速度使其达到最佳取苗速度。

在取苗装置的设计上，国内外主要取苗设备分为铲式、针式与马蹄式。相对于针式移栽机械手，铲式和马蹄式取苗装置体积较大，作业所需的空间较大，对钵苗基质的损伤率较高。针式取苗装置体积较小，但在本试验中由于所使用的基质主要成分为椰糠，其颗粒度较大，摩擦系数高，因此针式取苗装置摩擦力小的缺点也可以被弥补，故本试验选用针式取苗装置。

钵苗移栽末端执行器主要由取苗针、挡苗板、垫块、气缸、滑块、伺服电机与滚轮构成，其轴测图如图 5-36 所示，在移栽过程中，取苗针的主要目的为斜插入钵苗基质中，并通过与基质间的摩擦力完成钵苗的提起，挡苗板的作用做将钵苗叶片与取苗针隔开，以降低取苗过程中对叶片与茎的损伤。取苗针固定在气缸上，与气缸相对静止，在气缸的活塞上固定垫块，其作用是通过活塞的伸缩完成对基质的推动，使钵苗到达指定位置后脱离末端执行器。滑块，滚轮与伺服电机构成末端执行器的驱动限位装置，驱动末端执行器在滑轨上按照轨迹工作。

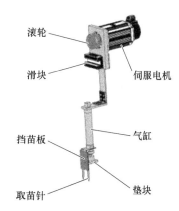

图 5-36　钵苗移栽末端执行器轴测图

在钵苗移栽过程中，取苗末端执行器的受力分析如图 5-37 所示。钵苗基质要承受压力 F_{N1} 和 F_{N2}。同时，基板受到纵向阻力 N，该纵向阻力 N 由基质的重力 G 与穴孔和基板之间的黏附力 Z 相结合而成。在取苗过程中，需要满足的胁迫条件公式如下：

$$\begin{cases} F_{f1} = \mu F_{N1} \\ F_{f2} = \mu F_{N2} \\ N = G + Z \\ F_{T} = 2\left[\sin\alpha \left(F_{N1} + F_{N2} \right) + \cos\alpha \left(F_{f1} + F_{f2} \right) \right] \\ F_{T} \geqslant N \end{cases} \tag{5-7}$$

式中，F_{T} 为提取钵苗所需的拉力；μ 为取苗针与基质之间的摩擦系数。

根据计算可得，$F_{T} = 132.7\text{N}$，小于根系破裂极限受力，因此该设计可保证对根系不产生损伤。

为更加清晰地探究取苗末端执行器各零件尺寸的关系与更方便地试加工末端执行器，因此穴孔尺寸应越大越好。根据要求选用穴孔尺寸较大的 15 孔穴盘作为培育容器。在室温 25℃、湿度 75%、光照度 900lx 的环境下培育 150 株生菜钵苗，培育时间为 15 天。

通过对移栽取苗过程的分析，插入深度 d、倾斜角度 α 与插入点距离 l 这 3 个因素会影响移栽过程中取苗针的受力。插入深度由之前查阅资料可得，主要取值范围在穴孔深度的 75%~85%，若深度过浅会导致不能对深层基质进行固定导致基质散落，若深度过深会导致触碰穴盘底部导致取苗针破裂，因此取苗针插入深度范围为 48~56mm。根据取苗针插入深度对倾斜角度 α 进行分析，当倾斜角度小于 10° 时，取苗针与基质之间摩擦力过小，会导致无法正常取苗，当倾斜角度大于 16° 时，取苗针会与穴孔侧壁产生接触导致穴盘破损，因此倾斜角度选择 10°~16°。根据取苗机械手的总设计，假设钵苗均栽植在穴盘中心，当插入点距离大于 14mm 时，取苗针固定装置会与钵苗茎产生干涉从而影响移栽质量，因此插入点距离的取值范围为 10~16mm。

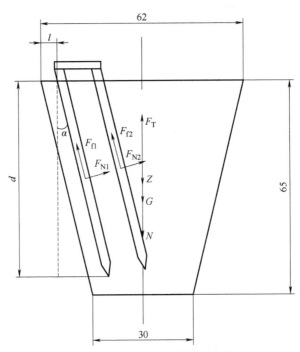

图 5-37　取苗末端执行器的受力分析

移栽质量的高低主要通过移栽过程中钵苗的损伤程度与基质的完整程度进行判定，因此本试验主要以移栽后钵苗叶片完整度、茎弯曲程度与基质完整度作为主要指标。由于钵苗茎自身带有弹性，倾斜角度较小时钵苗不会产生塑性形变，根据试验分析可得，当钵苗茎倾斜角度超过 20° 时会对钵苗产生永久性损伤，因此将茎弯曲程度改为茎弯曲超过 20° 的比例作为评价指标。根据查阅资料可知，这三种指标在移栽的评价中比重相当，因此本试验提出移栽质量参数（Transplanting Quality Parameter, TQP），其计算公式如下：

$$TQP = \frac{V_{R1}/V_1 - Q_B/Q + V_{R2}/V_2}{3} \times 100\% \quad (5\text{-}8)$$

式中，V_{R1} 为移栽后叶片面积；V_1 为移栽前叶片面积；Q_B 为钵苗茎倾斜超过 20° 的数量；Q 为移栽总数量；V_{R2} 为移栽后基质面积；V_2 为移栽前基质面积。

钵苗移栽质量参数示意图如图 5-38 所示。

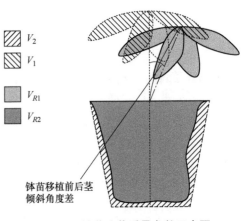

图 5-38　钵苗移栽质量参数示意图

5.2.3 取苗装置驱动结构设计

取苗装置采用双排交叉式安装在桁架上，相对于取苗装置单排式的安装，双排交叉式安装中取苗装置占用空间更小、干涉范围更小、可应用范围更大，并且可以平衡导轨受力，使工作更加平稳。8 只移栽末端执行器通过两组十字安装的丝杠直线模组固定在机架上，使其可以在 Y 轴与 Z 轴上进行直线运动，如图 5-39 所示。

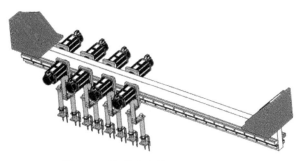

图 5-39 取苗装置桁架结构示意图

移栽末端执行器的水平运动与垂直运动采用两组直线模组进行驱动，根据空间布局，直线模组与桁架间通过垂直连接件进行固定，两组直线模组之间通过十字形连接进行固定，通过控制两组直线模组的电机与安装在末端执行器上的伺服电机对末端执行器的三轴运动进行控制。末端执行器三轴驱动装置的安装结构示意图如图 5-40 所示。

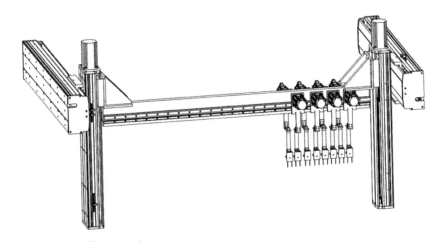

图 5-40 末端执行器三轴驱动装置的安装结构示意图

5.2.4 控制系统硬件设计

整个装置采用可靠性高、抗干扰能力强的工控机控制系统为核心系统，集成于控制箱内，包括 AIMC-3200 工控机，800W-SDD08NK8D 伺服电机 4 个，200W-A1-SVD15 伺服电机 6 个，MA16-50 气缸 6 个，连接 800W 伺服电机的继电器 4 个，连接 200W 伺服电机的继电器 6 个。工作电压为 380V，频率为 50Hz。电控箱实物如图 5-41 所示。

计算机端与工控机采用 USB3.0 数据线连接，进行通信和数据的交换。工控机与图像采集装置通过 USB3.0 数据线连接，进行图像的采集。

驱动装置由伺服驱动器和旋转电机组成，并经由水平平移机构和垂直平移机构来实现末端执行器的移动，到达指定位置后会驱动末端执行器来实现钵苗的定点移栽工作。

执行装置为末端执行器，末端执行器在总装置的桁架结构上，当实施移栽时，经由电机控制的末端执行器开始运动。当移栽钵苗完毕，末端执行器复位到原点并停止动作，工控机向计算机端发送单次完成信号。

图 5-41　电控箱实物

在整个控制系统内，驱动动力源有 4 种型号，包含 3 种型号的伺服电机与 1 种空气压缩机。

1. 控制系统电路搭建

本装置用 PLC 作为核心的控制系统，具有可靠性高、抗干扰能力强、编程简单的特点，采用直接拼插设计理念，减少接线量与控制板线路连接复杂程度，大大提高控制系统整体稳定性。

PLC 的基本构成有电源、中央处理单元、存储器、输入输出接口电路、功能模块与通信模块。与继电器控制电路相比，PLC 具有可靠性高、抗干扰能力强、编程简单、设计安装容易、维护方便、体积小、能耗低等特点。

在搭建控制系统电路时，将装置中控制机械手运动的两个步进电机和一个伺服电机的驱动装置与 PLC 相连，PLC 通过控制发出脉冲的数量和频率来控制电机的运转。PLC 通过控制电源的通断来控制三相异步电机的转动并以此来控制整个装置的启动运行，且用 PLC 控制继电器来实现对电机的控制，以此来控制整个装置的运行。

2. 穴盘钵苗低损移栽机器人的工作流程

本系统工作时，系统指示灯亮起，装置开始正式工作。

先将穴盘苗放在预先设定好的位置上，然后控制电机开始启动，此时输送带会开始移动至先前留存的位置上。当输送带运输到指定位置后，X 轴方向滑轨装置会启动，即图像采集系统将调整 Intel RealSense RGBD 摄像机的拍摄位置来调整光轴位置，从而实施对图像的拍摄。

当相机拍摄完毕后，所得到的图像信息会发送给工控机，经过一系列处理后会获得钵苗极值点世界坐标。整个装置开启后末端执行器会回归原位。而此时在获取钵苗坐标后，控制箱中的继电器将会带动三轴伺服电机进行驱动，使得 6 只机械手在 X 轴方向进行直线运动。

之后伺服电机会驱动垂直平移装置使末端执行器末端高度与穴盘高度平齐，再驱动水平平移装置使末端执行器向前运动，使取苗针到达穴孔口上方，然后插入基质来完成取苗动作。

之后移栽末端执行器会向上移动，将钵苗完全提起，之后沿直线到达栽培槽口上方，驱动气缸将钵苗脱离取苗针，完成整个钵苗移栽过程。

5.2.5　钵苗移栽方法

1. 基于机器视觉的穴盘钵苗低损移栽方法

为完成穴盘钵苗的整排低损移栽，首先要提出一种与并排式移栽方法相匹配的钵苗低损移栽方法。本书通过研究并排式移栽方法的特点与生菜钵苗的生理特性，提出了基于机器视觉的穴盘钵苗低损移栽方法。该方法将单排钵苗视作一个整体，之后分析并排式钵苗移栽过程，如果要实现低损移栽，就要尽量避免与钵苗本体接触，其移栽路线应沿钵苗边缘行进，因此需要获取钵苗的边缘信息。

本书应用图像边缘检测技术获取钵苗侧边图像，再获取钵苗的 RGB 图像与深度图像，并通过一系列的处理得到含有深度信息的钵苗边缘二值图像与边缘极值点坐标，并将边缘极值点像素坐标转换为世界坐标，以该坐标作为钵苗移栽末端执行器的取苗过程路径标定点，完成钵苗低损移栽路径规划，最终完成钵苗的低损避让取苗作业。

图像采集系统通过滑轨装置改变 Intel RealSense RGBD 摄像机拍摄位置来调整光轴位置，每次在拍摄图像时使光轴与钵苗待移栽侧的穴孔口边缘线在同一竖直平面内，光轴高度与钵苗茎高度平均值相同（为 75.2mm），获取单排待移栽钵苗的侧边 RGB 图像与深度图像。首先对 RGB 图像进行处理，将 RGB 图像转换为 HSV 图像，之后进行颜色提取，获取植株叶片图像，再使用高斯滤波对图像进行卷积以滤除图像中的噪声，然后计算图像梯度，得到可能边缘，并进行图像灰度化、二值化处理，最后进行连通域分析，得到最终的钵苗边缘，获取待移栽侧叶片伸出最远距离点与最高点，将该点视为钵苗边缘极值点，并记录该点坐标。将 RGB 图像与深度图像匹配，获取该坐标点在深度图像中的深度信息，使之可以完成像素坐标到图像坐标的转换，最终将该点坐标转换为世界坐标，并以该世界坐标进行钵苗移栽机械手的路径规划，使其在移栽过程中避免对钵苗的干涉，之后通过钵苗移栽末端执行器的前端挡板将叶片挡出末端执行器的工作范围，最后完成低损取苗工作。之后将钵苗运送至钵苗栽培槽上端，通过安装在气缸上的挡苗板使钵苗脱离末端执行器，掉落在栽培槽内的栽植器中，完成整个钵苗低损移栽工作。穴盘钵苗低损移栽方法如图 5-42 所示。

2. 钵苗极值点像素坐标的获取

要获取钵苗极值点的像素坐标，应先获取钵苗的侧边 RGB 图像与深度图像并对其进行图像处理。在这之前，要先对 Intel RealSense D415 的深度摄像机与 RGB 摄像机的参数进行标定，以保证其工作精度。通过 Intel RealSense SDK2.0 获取其内参参数，通过 MATLAB 进行标定试验获取相机外参。

在完成对摄像机的标定之后，先对 RGB 图像进行处理，在处理过程中应用了 RGB-HSV 方法，该方法通过将 RGB 图像转换为图像信息更加简单的 HSV 图像，以便于图像边缘信息的获取。

首先获取单排侧边钵苗的 RGB 图像，之后将 RGB 图像转换为 HSV 图像，HSV 图像以色调、饱和度与亮度表示各个像素的信息。再获取图像中绿色的 HSV 空间范围，查阅资料可得，绿色的 HSV 空间范围为 H（35，77）、S（43，255）、V（46，255）。在完成图像的颜色提取后，对图像进行高斯模糊处理，减少图像噪声以及降低细节层次，以便于轮廓的获取。为更加清楚地获取钵苗的边缘信息，需要将图像中的非钵苗图像进行删减，该过程通

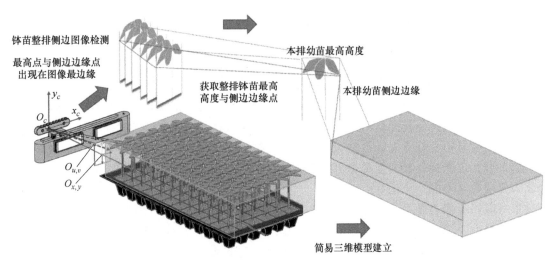

将单排钵苗视作整体，通过获取重叠在一起的钵苗侧边图像，获取整排钵苗最高高度与侧边边缘点，以构建简易的钵苗三维模型，从而进行钵苗的低损避让移栽

图 5-42　穴盘钵苗低损移栽方法

过图像的灰度化与二值化处理实现。在完成灰度化与二值化处理后，获取图像绿色部分的二值图像，即钵苗本身为白色，非钵苗图像为黑色。之后对图像进行连通域分析，获取单排钵苗的侧边连续图像，即钵苗图像的连通域。最后计算连通域图像的最高边缘点与最右边缘点。钵苗 RGB 图像处理流程如图 5-43 所示。

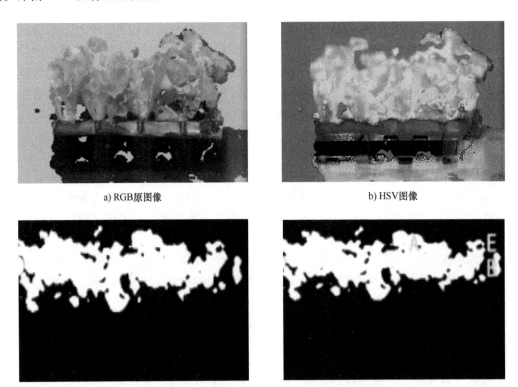

a) RGB 原图像

b) HSV 图像

c) 灰度、二值图像

d) 极值点检测图像

图 5-43　钵苗 RGB 图像处理流程

3. 深度学习与 RGB 图像的对齐

由于 Intel RealSense D415 摄像机的深度摄像头与 RGB 摄像头位置不同，导致获取的深度图像与 RGB 图像会产生偏差，使各个像素点的位置无法对齐，因此要获取 RGB 图像中某一点坐标在深度图像中对应坐标的深度信息，首先要将深度图像与 RGB 图像对齐。根据相机的内参与外参获取深度摄像机的内参转换矩阵 K_d 与外参转换矩阵 T_{w2d}、RGB 摄像机的内参转换矩阵 K_R 与外参转换矩阵 T_{w2R}。首先将深度图像中各个像素点的像素坐标 $P_{u,v}^d$ 转换为深度图像的图像坐标 P_{dc}，其转换公式如下：

$$P_{dc} = Z K_d^{-1} P_{u,v}^d \tag{5-9}$$

之后将深度图像坐标转换为深度相机坐标 P_w，其转换公式如下：

$$P_w = T_{w2d}^{-1} P_{dc} \tag{5-10}$$

将深度相机坐标转换为 RGB 相机坐标 P_{Rc}，其转换公式如下：

$$P_{Rc} = T_{w2R} P_w \tag{5-11}$$

最后将 RGB 相机坐标系下的深度相机坐标，按照 Z 轴归一化转换为 $Z = 1$ 的 RGB 图像坐标 $P_{u,v}^R$，其转换公式如下：

$$P_{u,v}^R = K_R (P_{Rc}/Z) \tag{5-12}$$

上述过程即进行一个基于三角测量方法的将 2D 图像转换为 3D 图像再转换为 2D 图像的过程，在完成上述转换之后，即将深度图像中的各个像素点与 RGB 图像进行 1∶1 映射。之后便可以准确地获取 RGB 图像中高度边缘点与侧边边缘点的深度信息，并根据该信息进行坐标转换。

4. 图像的坐标转换

要对钵苗移栽末端执行器进行路径规划，首先要获取钵苗的边缘极值点的世界坐标，因此要将已获得的含有深度信息的 RGB 像素坐标转换为世界坐标。首先将像素坐标转换为图像坐标，在像素坐标系内，图像尺寸的度量单位为像素的数量，像素坐标系原点为图像的左上角。在图像坐标系内，度量单位为 mm，坐标原点为光轴与图像的交点。这两个坐标系处于同一平面，只是度量单位不同，因此其转换公式如下：

$$\begin{bmatrix} x \\ y \\ 1 \end{bmatrix} = \begin{bmatrix} \dfrac{1}{dx} & 0 & u_0 \\ 0 & \dfrac{1}{dy} & v_0 \\ 0 & 0 & 1 \end{bmatrix}^{-1} \begin{bmatrix} u \\ v \\ 1 \end{bmatrix} \tag{5-13}$$

式中，(u, v) 为像素点在像素坐标系内的坐标；(x, y) 为像素点在图像坐标系内的坐标；(u_0, v_0) 为图像坐标系原点在像素坐标系内的位置；dx 为像素宽度；dy 为像素高度。

在获取图像坐标后，将图像坐标转换为相机坐标，这个过程是从 2D 转换为 3D 的过程。由于通过深度摄像机获取了像素的深度值 Z_c，因此可通过相似三角形原理直接计算出高度极值点与边缘极值点的相机坐标，其计算公式如下：

$$\begin{bmatrix} x_c \\ y_c \\ z_c \end{bmatrix} = Z_c \begin{bmatrix} \dfrac{1}{f} & 0 & 0 \\ 0 & \dfrac{1}{f} & 0 \\ 0 & 0 & 1 \end{bmatrix} \begin{bmatrix} x \\ y \\ 1 \end{bmatrix} \tag{5-14}$$

式中，f 为 RGB 相机的焦距；$O_c(x_c, y_c, z_c)$ 为图像极值点在相机坐标系内的坐标。

当将水平平移装置、垂直平移装置、钵苗移栽末端执行器上电机归零后，最边缘钵苗移栽末端执行器的取苗针之间的中点，设定为世界坐标系原点 $O_w(x_w, y_w, z_w)$。将 Intel RealSense D415 摄像机的 RGB 摄像头的光心设定为相机坐标系原点 $O_c(x_c, y_c, z_c)$。世界坐标系与相机坐标系使用相同方向的坐标轴，以光轴方向为 Z 轴正方向，相机沿滑轨移动方向为 X 轴正方向，以由相机底端到相机顶端方向为 Y 轴正方向。因为世界坐标系与相机坐标系的转换为刚性转换，因此确定转换矩阵 R、平移向量 $t(x_{wc}, y_{wc}, z_{wc})$ 之后即可完成转换，转换公式如下：

$$\begin{bmatrix} x_w \\ y_w \\ z_w \end{bmatrix} = R^{-1} \begin{bmatrix} x_c - x_{wc} \\ y_w - y_{wc} \\ z_w - z_{wc} \end{bmatrix} \qquad (5\text{-}15)$$

在完成坐标转换后，钵苗最高点的世界坐标为 $H(x_{wh}, y_{wh}, z_{wh})$，钵苗边缘点的世界坐标为 $E(x_{we}, y_{we}, z_{we})$，最终钵苗移栽末端执行器取苗针端点需要到达的位置为 $T_i(x_{we}, y_{wh}, z_{wi})$。钵苗标定过程中各坐标系的关系如图 5-44 所示。

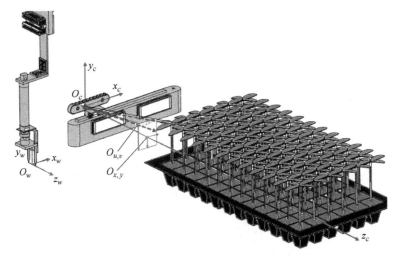

图 5-44　钵苗标定过程中各坐标系的关系

5. 钵苗低损移栽路径规划

当系统完成钵苗高度与边缘的极值点标定后，开始对钵苗移栽末端执行器的取苗路径进行规划。首先将钵苗移栽末端执行器调整至世界坐标系原点位置，之后开启穴盘输送机构，将穴盘输送至指定位置，如图 5-45 所示。当穴盘到达指定位置后，钵苗侧边图像获取装置开始对钵苗边缘进行检测，并获取钵苗边缘图像极值点位置 $T_i(x_{we}, y_{wh}, z_{wi})$，如图 5-46 所示，末端执行器开始运动，并移动至边缘极值点位置 $T_i(x_{we}, y_{wh}, z_{wi})$。然后末端执行器先向下、再向前运动，到达基质上方后插入基质，进行取苗作业。最后末端执行器将钵苗提起，根据栽培槽槽孔间距调整钵苗移栽末端执行器之间的间距，并移动至栽培容器上方，推动气缸，使钵苗脱离末端执行器，完成一次钵苗移栽，此后的运动沿红线方向进行循环工作。在整个钵苗移栽过程中，取苗机构除去挡板，在整个移栽过程中对钵苗均无接触，以达到钵苗低损伤移栽的目的。

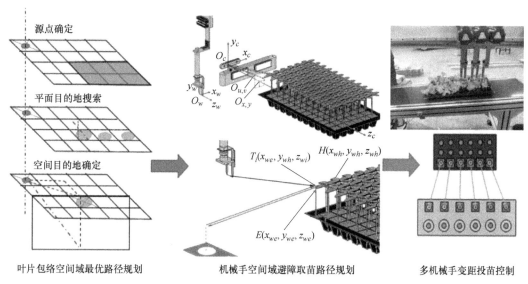

叶片包络空间域最优路径规划　　　　机械手空间域避障取苗路径规划　　　多机械手变距投苗控制

图 5-45　钵苗低损移栽路径规划示意图

图 5-46　末端执行器移动至标定点位置

第6章

丘陵山地移栽机器人

丘陵山地作为我国蔬菜种植的重要区域，其独特的地形地貌与复杂的耕作制度对农机具提出了严峻挑战。传统取投苗装置在坡耕地作业时，往往因地形起伏导致作业姿态不稳定，时序性难以保证，直接影响了移栽的精准度和效率。同时，丘陵山区的种植农艺与现有移栽机构之间存在的适应性差距，使得移栽过程中的幼苗损伤率增加，移栽质量大打折扣。针对这一难题，本章深入研究了丘陵山地蔬菜种植农艺与农机融合的适应性调节，开发了一种高效取投苗系统，它能灵活适应不同坡度条件，确保取投苗过程中的稳定性和时序性。同时，针对农机姿态倾斜导致的移栽难题，我们提出了一种姿态调平系统，该系统集成了高精度传感器、智能控制算法与高效执行机构，能够实时监测并自动调整移栽机器人的姿态，确保在丘陵山地复杂地形中也能保持水平或预设作业姿态，从而改善移栽过程中因姿态不可控导致的移栽质量差的问题，推动丘陵山区蔬菜移栽作业的机械化、智能化水平迈上新台阶。

6.1　丘陵山地姿态调平移栽机器人总体设计

6.1.1　整机部件设计

丘陵山地姿态调平移栽机器人总体设计包括三大系统，分别是取投苗系统、栽植系统和姿态调平系统。移栽机整机示意图及实物如图6-1和图6-2所示。

6.1.2　取投苗系统结构设计

取投苗系统是一个复杂的机械系统，主要由供苗机构、取投苗机构以及控制系统3个核心部分组成，各机构之间结构紧凑，通过紧密合作与协调，完成穴盘苗取投过程。结合丘陵山地蔬菜种植农艺特性，设计取投苗系统的三维模型，如图6-3所示。

1. 供苗机构工作原理

供苗机构负责将待取的穴盘苗有序地输送到取送苗机构的位置。如图6-4所示，针对取苗要求以及穴盘特点，供苗机构主要包括支撑板、链轮链条、横向导苗杆、纵向步进电机、横向步进电机、镇压板等部件。在作业过程中，首先将穴盘放置在支撑板上方，横向导苗杆卡在穴盘底部横向空隙之间，镇压板位于穴盘上方，防止穴盘在运动过程中出现晃动，使其

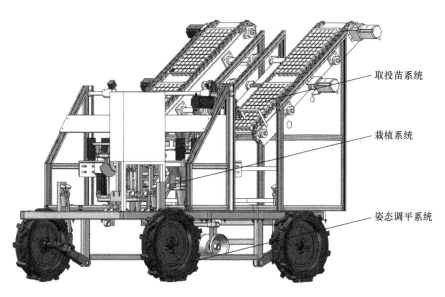

取投苗系统

栽植系统

姿态调平系统

图 6-1　移栽机整机示意图

图 6-2　移栽机整机实物

按照预设轨道稳步前进。横向步进电机通过丝杠带动支撑板横向移动，取苗一次横移一次，重复取苗步骤，完成一行钵苗取送。纵向步进电机转动带动链轮转动，链轮带动链条转动，链条上方的横向导苗杆带动穴盘纵向移动，横向取完一个周期后纵向移动一次，开始下一取苗周期，直到取完整盘钵苗。取苗完成后，穴盘受镇压板作用始终与支撑板紧密接触，在弯折 180° 后运动至装置下方进行回收。

2. 取投苗机构工作原理

取投苗机构包括取送苗机构和投苗机构，如图 6-5 所示。

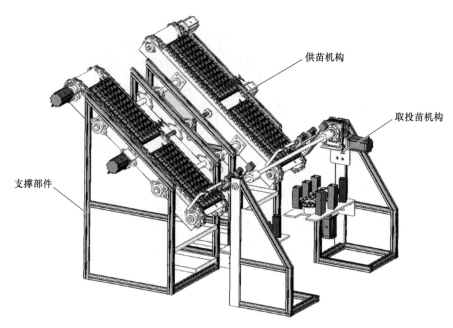

图 6-3 取投苗系统的三维模型

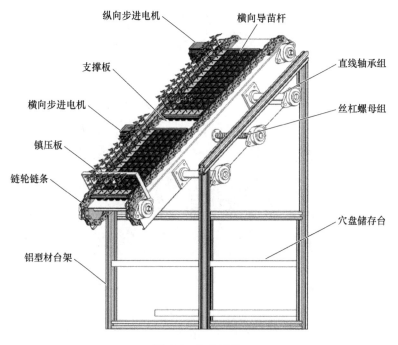

图 6-4 供苗机构

取送苗机构负责将穴盘苗从供苗机构精准地取出，并将其稳定地移动到投苗机构的位置。取送苗机构主要包括旋转电机、蜗轮蜗杆减速机、转轴、直线模组、取苗末端执行器等机构。旋转电机通过与蜗轮蜗杆减速机相连驱动转轴转动。转轴上方通过轴套固定直线模

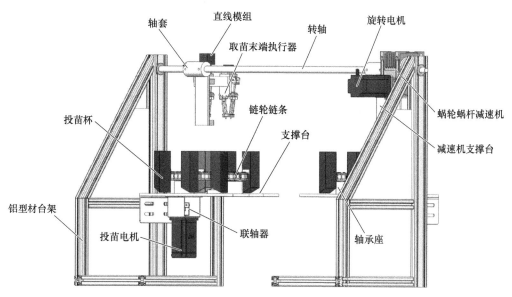

图 6-5 取投苗机构

组，取苗末端执行器通过底板固定在直线模组上。在作业过程中，旋转电机带动转轴转动，转轴带动直线模组运动，直线模组带动取苗末端执行器运动，到达取苗点时取苗末端执行器伸出取苗针插入基质，等取苗完成后，转轴和直线模组回归初始位置，到达投苗点时取苗末端执行器收缩取苗针释放钵苗。

投苗机构负责将取送苗机构送来的钵苗投放到栽植机构中。投苗机构主要包括投苗杯、链轮链条、底板和供苗电机。投苗杯的中心距等于取苗末端执行器间的中心距。在作业过程中，投苗杯通过铰链安装在链条周围，在链条的带动下旋转接苗。底板上方开有方形孔洞，当投苗杯在旋转过程中通过孔洞时，底盖在扭簧的作用力下张开，钵苗落入栽植机构中。

6.1.3 姿态调平系统结构设计

丘陵山地的地块小、形状不规则、相邻地块高差大、田间道路狭窄，复杂的地形需要蔬菜移栽机频繁地掉头、过埂。为了提高移栽机的通过性，要求移栽机的离地距离能够根据地形进行实时调整。

丘陵山地的耕地坡度变化较大且无规律，会导致栽植平台倾斜。为了保证栽植作业的质量和栽植钵苗的直立度，要求移栽机能控制地形坡度对作业姿态的影响。

移栽机作业时根据复杂地形进行姿态调平之后，其与调平前相较，栽植平台的整体高度可能会发生变化，影响栽植深度的均匀性与一致性，故要求移栽机具有栽植深度调节机构，以改变栽植器的相对位置，从而保证栽植深度。移栽机姿态调平系统示意图如图 6-6 所示。

1. 姿态自动调平机构

本书设计了 4 组姿态自动调平机构，对称布置于栽植平台下部，每组调平机构主要由调平液压缸和轮腿支撑结构组成，用于控制蔬菜钵苗移栽机 4 个车轮的自动升降。该机构可实

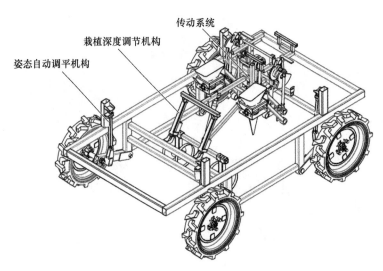

传动系统

栽植深度调节机构

姿态自动调平机构

图 6-6　移栽机姿态调平系统示意图

现移栽机姿态调整，保证栽植平台水平，也能调节移栽机底部与垄面的间距，提高移栽机的通过性。由液压系统控制调平液压缸活塞杆的伸缩带动升降臂旋转，实现车轮的上升或者下降。

以其中一组调平机构为例，其结构简图如图 6-7 所示。构件 1 为原动件，进行往复移动，构件 1 通过活动铰接点 B 带动构件 2 绕固定铰接点 A 摆动，进而带动构件 3 摆动，且构件 2 与构件 3 铰接于点 C。因此，轮腿支撑结构具有确定的运动，能够实现车轮确定的升降运动。

如图 6-7 所示，轮腿支撑结构有 3 个活动件，其中构件 1 为原动件，有 4 个低副（3 个为转动副，1 个为移动副），不存在高副。其自由度为

$$F = 3n - 2P_\mathrm{L} - P_\mathrm{H} = 1 \tag{6-1}$$

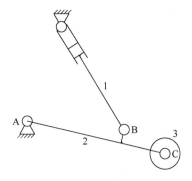

图 6-7　调平机构的结构简图

式中，F 为自由度；n 为活动件数；P_L 为低副数；P_H 为高副数。

调平机构的工作原理如图 6-8 所示，其中点 A 为调平液压缸与车架铰接点，点 B 为液压缸活塞杆与升降臂铰接点，点 C 为升降臂与车架铰接点，点 D 为车轮与升降臂铰接点。当液压缸的活塞杆伸出时，升降臂绕点 C 顺时针旋转，轮腿伸长，车轮重心 D 下降，轮腿支撑结构呈现图 6-8a 所示的 ABCD 状态；当液压缸的活塞杆收缩时，升降臂绕点 C_1 逆时针旋转，轮腿缩短，车轮重心 D_1 上升，轮腿支撑结构呈现图 6-8b 所示的 $A_1B_1C_1D_1$ 状态。4 组轮腿的同时升降可以改变移栽机的离地距离，提高移栽机的通过性；4 组轮腿的分别升降可以形成高度差 Δh，弥补坡耕地的倾斜角度，保证栽植平台水平。

为了分析调平机构的基本运动，构建了一个简单的轮腿数学模型，如图 6-9 所示。车轮有上升与下降两种主要的工作状态，其中点 A 与点 C 为轮腿支撑结构与车架的铰接点，车

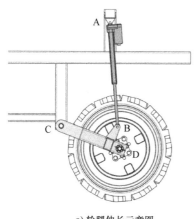

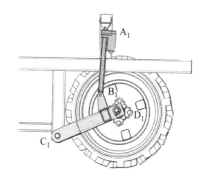

a) 轮腿伸长示意图 b) 轮腿缩短示意图

图 6-8 调平机构的工作原理图

轮质心处于 D_1 为提升极限位置，车轮质心处于 D 为下降极限位置。通过简化模型根据下述公式可以计算出车轮上升和下降极限的垂直位移差：

$$\angle ACB = \arccos \frac{L_{AC}^2 + L_{CB}^2 - L_{AB}^2}{2L_{AC}L_{CB}} \quad (6\text{-}2)$$

$$\angle ACB_1 = \arccos \frac{L_{AC}^2 + L_{CB_1}^2 - L_{AB_1}^2}{2L_{AC}L_{CB_1}} \quad (6\text{-}3)$$

$$\gamma = \angle B_1 CD_1 = \arccos \frac{L_{B_1C}^2 + L_{CD_1}^2 - L_{B_1D_1}^2}{2L_{B_1C}L_{CD_1}}$$

$$(6\text{-}4)$$

$$\theta = \angle ACB - \angle ACB_1 - \angle B_1 CD_1 \quad (6\text{-}5)$$

$$H_{DD_1}^2 = 2L_{CD}^2 - 2L_{CD}L_{CD_1}\cos(\theta + \gamma) \quad (6\text{-}6)$$

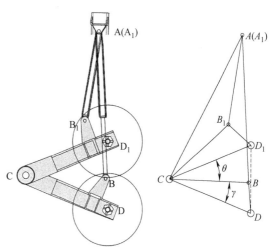

图 6-9 轮腿数学模型

根据上文中的模型，结合表 6-1，可以计算出轮腿支撑结构上升和下降的极限位移量。已知调平液压缸活塞杆的行程为 200mm，构建的姿态调平机构中两极限位置车轮质心的连线 H_{DD_1} 与水平线相垂直，根据上述公式可以计算出轮腿支撑结构升降过程中质心的垂直位移 H_{DD_1} 为 240mm。根据以上分析，可以得知轮腿支撑结构能较大程度提升移栽机的通过性。

表 6-1 姿态调平机构参数

参数	数值/mm
L_{CD}	320
$L_{A_1B_1}$	320
L_{AB}	520

根据移栽机轮腿支撑结构要实现的功能，结合设计要求与配置要求，确定系统的以下参数：

1）移栽机底部的离地间隙最低为 150mm，离地间隙最高为 387mm。轮腿支撑结构的初始长度为 500mm，轮腿支撑结构的极限长度为 737mm。

2）移栽机的前后轮距 $L_1 = 1270$mm，左右轮距 $L_2 = 1320$mm。

3）系统升降高度最大大约为 240mm，液压缸活塞杆量程为 200mm。

4）当一侧轮腿支撑结构提升到最高位置，另一侧的轮腿支撑结构下降到最低位置时，可保证移栽机最大限度在 15° 的工作斜面上保持栽植平台的水平。

2. 栽植深度调节机构

丘陵山地坡耕地的垄面存在高低起伏的情况，移栽机在经过 4 组姿态调节机构进行车身自动调平后，栽植器的离地高度大多会发生变化。为了保证移栽机栽植深度的均匀性和一致性，山地蔬菜钵苗移栽机作业时须对栽植器的离地间距进行控制。

我们设计了一种栽植深度调节结构，用于控制蔬菜钵苗移栽机栽植器的升降。该结构可实现根据垄面高低变化，在移栽机车身调平过程中，自动调节栽植器与垄面的间距，保证栽植深度的均匀性。

栽植器的结构简图如图 6-10 所示。轴 A 为传动系统的动力输出轴，给整个栽植器提供动力；点 A 为构件 1 的旋转中心，同时也是构件 9 的旋转偏心；构件 1 为原动件，安装于动力输出轴 A 进行圆周运动；构件 2 通过铰接点绕点 A 旋转，带动构件 3 往复运动；构件 3、4、5 和 6 构成一个平行四边形；构件 6、7、8 与机架构成一个平行四边形；构件 3、6、7 铰接于点 B；构件 4 为栽植器。

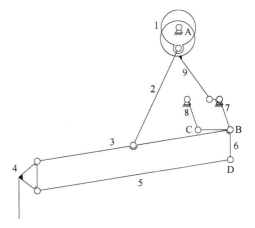

图 6-10 栽植器的结构简图

栽植器连杆组成了两个平行四边形结构，设定 7、8 两个定铰接点的连线为水平线，所以 B、C 两个动铰接点的连线也为水平线；设定构件 6 的两边夹角为 90°，所以 B、D 两个动铰接点的连线为铅垂线，栽植器也为铅垂状态。因此，在栽植器的往复栽植运动过程中，栽植器 4 的姿态始终保持竖直状态。

如图 6-10 所示，栽植器有 9 个活动件，其中构件 1 为原动件，共有 13 个转动副。其自由度为

$$F = 3n - 2P_L - P_H = 1 \tag{6-7}$$

栽植器有 1 个自由度，其中机构的原动件数为 1，因此栽植器具有确定的运动，能够实现栽植器确定的往复运动。

栽植深度调节机构的工作原理如图 6-11 所示。栽植深度调节机构主要由覆土镇压轮、吊杯式栽植器、电推杆、限位杆、激光测距传感器等组成。通过调节限位杆的长度改变覆土镇压轮的高度，即覆土镇压轮在垄面上工作时，此时为初定的栽植深度。采用激光测距传感器感知栽植器与垄面的距离，当栽植器离地距离无明显变化时，电推杆不工作。

图 6-11 中点 B 为焊接固定点，将栽植深度调节机构安装到移栽机的车架上；点 A 为固定铰接点，栽植深度调节机构可绕着点 A 相对于移栽机的车架进行旋转。当栽植器离地距离改变时，PLC 控制电推杆伸缩，整个栽植深度调节机构绕着点 A 进行旋转，栽植器的位置随之改变，直至栽植深度符合要求，电推杆锁定，保持当前的栽植深度。电推杆极限伸长量为 15cm；考虑垄面高度，覆土镇压轮最大离地距离约为 17cm。

图 6-11　栽植深度调节机构的工作原理

3. 传动系统

蔬菜钵苗移栽机的工作环境为丘陵山地坡耕地，作业环境较恶劣，传动系统要稳定地进行动力传输。传动系统主要由电动机、齿轮减速器、链轮、张紧轮、链条、轴等组成。动力从电池传出，一部分传输给电动控制系统（控制器、电推杆），一部分传输给电动机，经齿轮减速器，通过动力输出轴，再通过链传动，传给栽植器的动力输入轴，带动栽植器进行工作。系统传动方案如图 6-12 所示。

图 6-12　系统传动方案

6.2 姿态调平系统的运动学分析

6.2.1 运动学方程及求解算法

建立移栽机姿态调平系统的机械仿真模型，系统中各构件之间通过转动副与移动副进行连接，以确保机械系统能满足移栽机姿态调平的作业要求。设表示运动副的约束方程数为 nh，用系统广义坐标表示运动学的约束方程组为

$$\varphi^K(q) = [\varphi_1^K(q), \varphi_1^K(q), \cdots, \varphi_{nh}^K(q)]^T = 0 \tag{6-8}$$

考虑运动学分析，为使系统具有确定的运动，给系统施加等于自由度 $nc-nh$ 的驱动约束：

$$\varphi^D(q,t) = 0 \tag{6-9}$$

驱动系统在运动学上是确定的，由系统运动学约束式和驱动约束式组合成系统所受的全部约束：

$$\varphi(q,t) = \begin{bmatrix} \varphi^K(q,t) \\ \varphi^D(q,t) \end{bmatrix} = 0 \tag{6-10}$$

式（6-10）是具有 nc 个广义坐标的非线性方程组。对式（6-10）求导，得到速度约束方程为

$$\dot{\varphi}(q,\dot{q},t) = \varphi_q(q,t)\dot{q} + \varphi_t(q,t) = 0 \tag{6-11}$$

令 $v = -\varphi_t(q,t)$，则速度方程为

$$\dot{\varphi}(q,\dot{q},t) = \varphi_q(q,t)\dot{q} - v = 0 \tag{6-12}$$

对式（6-11）求导，得到加速度方程为

$$\ddot{\varphi}(q,\dot{q},\ddot{q},t) = \varphi_q(q,t)\ddot{q} + (\varphi_q(q,t)\dot{q})_q \dot{q} + 2\varphi_{qt}(q,t)\dot{q} + \varphi_{tt}(q,t) = 0 \tag{6-13}$$

令 $\eta = -(\varphi_q\dot{q})_q\dot{q} - 2\varphi_{qt}\dot{q} - \varphi_{tt}$，则加速度方程为

$$\ddot{\varphi}(q,\dot{q},\ddot{q},t) = \varphi_q(q,t)\ddot{q} - \eta(q,\dot{q},t) = 0 \tag{6-14}$$

矩阵 φ_q 为雅可比矩阵，如果 φ 的维数为 m，q 的维数为 n，则 φ_q 的维数为 $m \times n$，其定义为 $(\varphi_q)_{(i,j)} = \dfrac{\partial \varphi_i}{\partial q_j}$。$\varphi_q$ 为 $nc \times nc$ 的方阵。

在 Adams 仿真软件中，运动学分析研究零自由度系统的位置、速度、加速度和约束反力，只需要求解系统的约束方程：

$$\varphi(q,t_n) = 0 \tag{6-15}$$

在任意时刻 t_n 的位置可由约束方程的 Newton-Raphson 迭代法求得：

$$\varphi_{qj}\Delta q_j + \varphi(q_j,t_n) = 0 \tag{6-16}$$

式中，Δq_j 为第 j 次迭代，$\Delta q_j = q_{j+1} - q_j$。

t_n 时刻速度、加速度使用线性代数方程的数值方法求解：

$$\dot{q} = -\varphi_q^{-1}\varphi_t \tag{6-17}$$

$$\ddot{q} = -\varphi_q^{-1}[(\varphi_q\dot{q})_q\dot{q} + 2\varphi_{qt}\dot{q} + \varphi_{tt}] \tag{6-18}$$

6.2.2　调平仿真模型建立

移栽机姿态调平系统运动学分析的目的在于分析调平机构在栽植平台姿态调平过程中的运动状态。姿态调平是基于移栽机栽植平台建立的，因此调平机构运动学仿真模型基于移栽机整机装配模型而建立，其三维模型如图 6-13 所示。

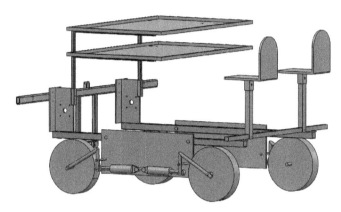

图 6-13　调平机构三维模型

山地蔬菜移栽机的三维模型结构复杂，具有众多小零件，因此在进行运动学分析时需要对蔬菜移栽机的三维模型进行简化，去掉非必要结构，仅将栽植平台、车轮、4 组轮腿支撑结构、4 组调平机构等设置为活动构件。

将简化后的移栽机调平系统运动学仿真模型导入 Adams 虚拟样机仿真软件，首先对各部分依据实际情况设置材料属性，而后对仿真模型依据运动关系添加约束，至此，调平系统的运动学仿真模型建立完成。

依据山地蔬菜移栽机姿态调平系统的作业需求，调平机构需使移栽机在 15°坡地进行作业时，能保证栽植平台的水平，以保证栽植质量。为验证调平系统的调平性能，在仿真过程中，将地面设置为 15°的侧向斜坡。

设置完成姿态调平系统模型的初始状态后，约束模型中的 4 组轮腿支撑结构，其中调平液压缸的活塞杆与其对应的调平液压缸缸体之间设置圆柱运动副，调平液压缸的活塞杆同时传递动力。根据调平机构的工作方式设置调平系统模型的驱动约束，栽植平台调平的动力来源于 4 组调平液压缸。将姿态调平驱动约束位置设置在调平液压缸的活塞杆。移栽机调平状态示图如图 6-14 所示。

6.2.3　姿态调平系统运动学仿真分析

驱动设置完成后，进行仿真参数设置：设置动作为在 5s 内平台调至水平状态，仿真时间为 5s，时间步长为 0.01。至此，完成调平机构运动学仿真模型的仿真参数设置。

以移栽机前进方向为 y 正向，其左侧调平液压缸活塞杆从第 3 秒结束后开始以正弦函数形式向外伸长，第 5 秒时，栽植平台达到水平，左侧调平液压缸活塞杆伸长至需要位置，仿真结果符合实际情况。测量左侧调平液压缸活塞杆的位移、速度、加速度，其运动学仿真结果如图 6-15～图 6-17 所示。

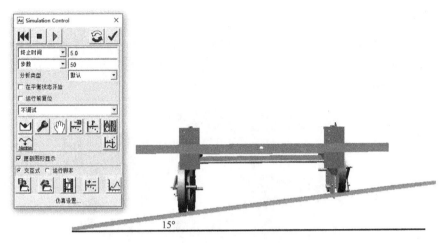

图 6-14　移栽机调平状态示图

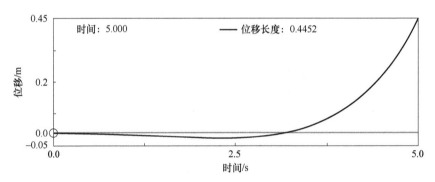

图 6-15　左侧调平液压缸活塞杆的位移

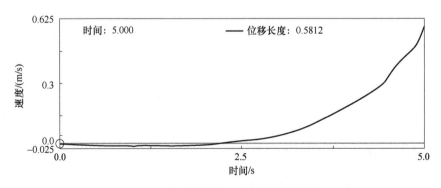

图 6-16　左侧调平液压缸活塞杆的速度

　　移栽机的右侧调平液压缸活塞杆从第 3 秒结束后开始以正弦函数形式向内收缩，第 5 秒时，栽植平台达到水平，右侧调平液压缸活塞杆收缩至需要位置，仿真结果符合实际情况。测量右侧调平液压缸活塞杆的位移、速度、加速度，其运动学仿真结果如图 6-18～图 6-20 所示。

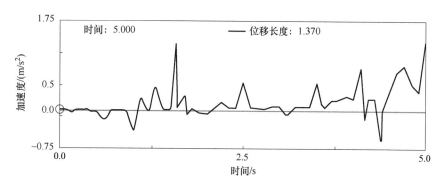

图 6-17 左侧调平液压缸活塞杆的加速度

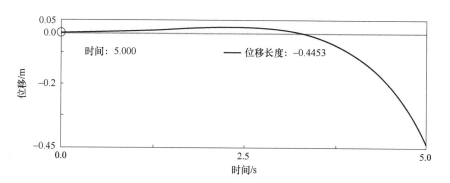

图 6-18 右侧调平液压缸活塞杆的位移

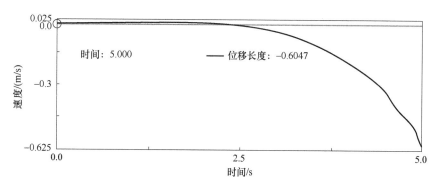

图 6-19 右侧调平液压缸活塞杆的速度

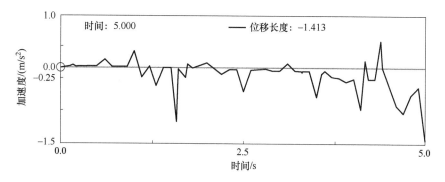

图 6-20 右侧调平液压缸活塞杆的加速度

6.3 移栽机姿态调平系统控制

6.3.1 姿态调平控制原理

根据移栽机的功能要求与作业质量要求，确定了丘陵山地蔬菜钵苗移栽机的整体方案，该移栽机的姿态调平系统主要由姿态自动调平机构、栽植深度调节机构及液压控制系统3个部分组成。各部分协调作用，使移栽机较好地适应丘陵山地坡耕地的复杂作业条件，完成钵苗栽植过程，并保证移栽的作业质量，以确保钵苗的直立度、栽植深度达到要求。

姿态自动调平机构主要由车架、双轴倾角传感器、激光测距传感器、调平液压缸和轮腿支撑结构等组成，如图 6-21 所示。设计的山地蔬菜钵苗移栽机依靠 4 组轮腿支撑结构进行栽植平台的姿态调整，由 4 组调平液压缸带动轮腿支撑结构进行升降，保证栽植平台水平。

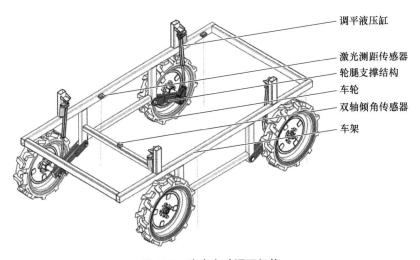

图 6-21 姿态自动调平机构

栽植深度调节机构主要由激光测距传感器、镇压轮、吊杯式栽植器、电推杆等组成，如图 6-22 所示。该设计主要依赖于安装在吊杯式栽植器上的激光测距传感器感知栽植器的离地距离，将检测到的距离信息上传至 PLC，以之控制电推杆伸缩，带动栽植器上升或下降，保证栽植深度均匀性和合格率。

移栽机姿态调平系统采用"四点法"进行自适应调平，该调平方法稳定性好、精度较高，然而根据平面几何知识——不共线的三点即可确定一个平面，可知采用该方法在姿态调平的过程中可能会出现其中一组轮腿支撑结构不受力的情况（称为虚腿情况）。由于每组轮腿支撑结构由液压系统驱动，因此在驱动轮腿支撑结构的每个调平液压缸的支路中安装一个液油压压力传感器来检测液压油的压力，当某支路的液压油压力明显小于其他三支路液压油压力时，可判定该支路的轮腿支撑结构处于虚腿状态，将其充实即可解决虚腿问题。

移栽机姿态调平系统中，4 组液油压压力传感器（型号为 MIK-P300）安装在每个调平液压缸的液压回路，检测支撑腿是否存在虚腿；双轴倾角传感器（型号为 LCT 526T）安装于栽植平台平面上，检测当前时刻 t 栽植平台的倾角值；4 组激光测距传感器（型号为 BX-LV400N/R）对称安装于每组车轮前 0.2m 的栽植平台等高处，检测平台与地面的距离信息，进而计算出车轮在 $t+1$ 时刻即将通过地面的坡度信息。

移栽机姿态调平系统按功能可分为检测部分、控制部分以及执行部分。检测部分为双轴倾角传感器和激光测距传感器，这两种传感器采集坡度倾角的变化信息，并上传至控制系统。控制部分为液压系统与电控系统，运用算法决定是否启动控制阀组，并输出控制电流调整与控制四通伺服阀阀芯的运动，改变液压缸活塞杆的伸缩量。执行部分为调平液压缸及其

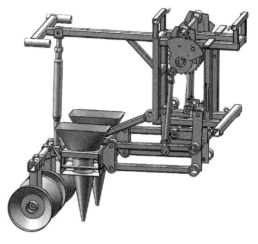

图 6-22 栽植深度调节机构

控制的轮腿支撑结构，调平液压缸活塞杆伸缩带动车轮升降，车轮的升降形成高度差 Δh 以抵消地面倾角，保证栽植平台的水平。

6.3.2 姿态调平控制算法

1. 双轴倾角传感器检测方法研究

规定以山地蔬菜钵苗移栽机前进方向为纵向 y，水平面内垂直于 y 的方向为横向 x。当移栽机顺坡作业时，双轴倾角传感器检测 y 方向角度为坡地角度；当移栽机横坡作业时，双轴倾角传感器检测 x 方向角度为坡地角度。

移栽机启动后，系统初始化，根据所处地形进行自适应调平。双轴倾角传感器检测当前车身倾角，并解耦成栽植平台前进方向 y 和横向 x 的倾角值 α_y、α_x，并发送至 PLC。PLC 根据倾角 α_y、α_x 的正负值，按照图 6-23 所示的电液调平系统的组成，判断出处于最高位置的轮腿支撑结构并将其作为调平基准，经过控制算法计算出其余三组轮腿支撑结构的调整量，输出控制电流，控制电液伺服阀，进而控制调平液压缸驱动轮腿运动，经过压力传感器检测并充实虚腿，经双轴倾角传感器检查栽植平台角度达到调平要求时，初始化调平结束，移栽机进入工作状态。

轮腿支撑结构在伸缩调整栽植平台倾斜角度的过程中，其运轨迹较为复杂，因此需建立数学模型。栽植平台前进方向 y 和横向 x 的倾角值为 α_y、α_x，$OXYZ$ 为水平坐标系，$O_1X_1Y_1Z_1$ 为平台坐标系。

$$(X \quad Y \quad Z) = \begin{bmatrix} \cos\alpha_x & 0 & \sin\alpha_x \\ -\sin\alpha_y\sin\alpha_x & \cos\alpha_y & \sin\alpha_x \\ -\cos\alpha_y\sin\alpha_x & -\sin\alpha_y & \cos\alpha_y\cos\alpha_x \end{bmatrix} (X_1 \quad Y_1 \quad Z_1) \tag{6-19}$$

$$X = (X_1 \quad \cdots \quad X_4) \tag{6-20}$$

$$Y = (X_1 \quad \cdots \quad X_4) \tag{6-21}$$

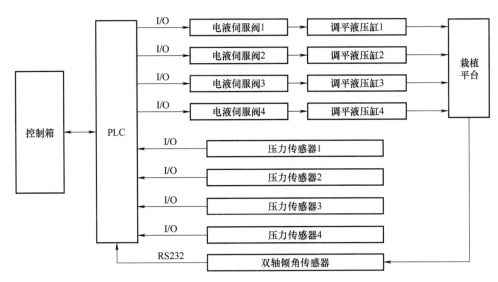

图 6-23　电液调平系统的组成

$$Z = (X_1 \quad \cdots \quad X_4) \tag{6-22}$$

$$X_1 = (X'_1 \quad \cdots \quad X'_4) \tag{6-23}$$

$$Y_1 = (Y'_1 \quad \cdots \quad Y'_4) \tag{6-24}$$

$$Z_1 = (Z'_1 \quad \cdots \quad Z'_4) \tag{6-25}$$

在上列数学推导中，每一次支腿调节，都要将栽植平台从绝对坐标系转移到相对坐标系进行分析，α_y、α_x 转为常量，可以建立较为准确的数学模型，在 X、Y 方向的相对坐标系中不存在位移差，在 Z 方向可以得到如下关系：

$$Z_1 : Z_2 : Z_3 : Z_4 = h_1 : h_2 : h_3 : h_4 \tag{6-26}$$

2. 激光测距传感器检测方法研究

移栽机启动并根据所处地形进行自适应调平之后，移栽机开始工作，跟随地形变化实时动态调平，如图 6-24 所示。记录当前时刻 t 4 组轮腿支撑结构的长度 L 以及当前 4 组激光测距传感器测量的离地距离 H。4 组车轮与地面接触形成平面 $ABCD$，4 组测距传感器发出激光与地面形成平面 $A_1B_1C_1D_1$。根据 4 个轮腿的长度差 ΔL 可以计算出移栽机当前通过的平面 $ABCD$ 的 x、y 方向的角度 α_x、α_y，根据 4 组激光测距传感器的测量差 ΔH 可以计算出移栽机即将通过平面 $A_1B_1C_1D_1$ 的 x、y 方向的角度 α_{1x}、α_{1y}，两项做差可以计算出地面横向 x 与纵向 y 的倾角变化值 $\Delta\alpha_x$、$\Delta\alpha_y$。

根据移栽机姿态调平系统的控制策略，PLC 根据最后得到的 $\Delta\alpha_y$ 与 $\Delta\alpha_x$，将处于最高点的轮腿支撑结构作为调平基准，经算法计算出其余三组轮腿支撑结构的变化量，调整液压缸的伸缩量，驱动轮腿调整长度，而后将双轴倾角传感器采集的信息作为反馈调节，则调平控制系统在栽植过程中根据坡耕地坡度变化，不断重复调平过程，以保证栽植平台的水平。

接下来将结合图示详细说明纵向倾角变化值 $\Delta\alpha_y$ 与横向倾角变化值 $\Delta\alpha_x$ 的计算过程。

图 6-25 为 $\Delta\alpha_y$ 计算示意图，A、D 为轮腿支撑结构与地面的接触点，A_1、D_1 分别为轮腿支撑结构前侧安装的激光测距传感器发出的信号与地面的交点，延长 DA 交水平线于点 O，

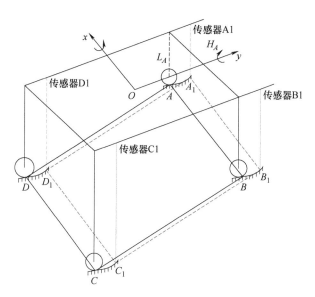

图 6-24　移栽机调平原理

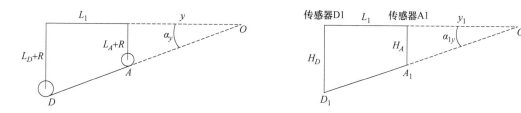

图 6-25　$\Delta\alpha_y$ 计算示意图

得到平面 $ABCD$ 的纵向倾角 α_y，延长 D_1A_1 交水平线于点 O_1，得到平面 $A_1B_1C_1D_1$ 的纵向倾角 α_{1y}。

平面 $ABCD$ 的纵向倾角 α_y 计算如下：

$$\frac{L_A+R}{L_D+R}=\frac{y}{y+L_1} \tag{6-27}$$

$$\tan\alpha_y=\frac{L_A+R}{y} \tag{6-28}$$

$$\alpha_y=\arctan\frac{L_A+R}{y} \tag{6-29}$$

式中　L_A 为轮腿支撑结构 A 的长度（mm）；L_D 为轮腿支撑结构 D 的长度（mm）；R 为车轮半径（mm）；L_1 为移栽机的前后轮距（mm）；y 为引入的虚拟长度量（mm）。

平面 $A_1B_1C_1D_1$ 的纵向倾角 α_{1y} 计算如下：

$$\frac{H_A}{H_D}=\frac{y_1}{y_1+L_1} \tag{6-30}$$

$$\tan\alpha_{1y} = \frac{H_A}{y_1} \tag{6-31}$$

$$\alpha_{1y} = \arctan\frac{H_A}{y_1} \tag{6-32}$$

式中，H_A 为传感器 A1 的测量值（mm）；H_D 为传感器 D1 的测量值（mm）；y_1 为引入的虚拟长度量（mm）。

因此，纵向倾角变化值 $\Delta\alpha_y$ 为

$$\Delta\alpha_y = \alpha_{1y} - \alpha_y \tag{6-33}$$

图 6-26 为 $\Delta\alpha_x$ 计算示意图，A、B 为轮腿支撑结构与地面的接触点，A_1、B_1 分别为轮腿支撑结构前侧安装的激光测距传感器发出信号与地面的交点，延长 BA 交水平线于点 O，得到平面 $ABCD$ 的纵向倾角 α_x，延长 B_1A_1 交水平线于点 O_1，得到平面 $A_1B_1C_1D_1$ 的纵向倾角 α_{1x}。

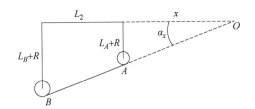 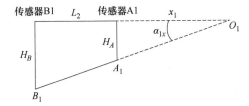

图 6-26　$\Delta\alpha_x$ 计算示意图

平面 $ABCD$ 的横向倾角 α_x 计算如下：

$$\frac{L_A+R}{L_B+R} = \frac{x}{x+L_2} \tag{6-34}$$

$$\alpha_x = \arctan\frac{L_A+R}{x} \tag{6-35}$$

平面 $A_1B_1C_1D_1$ 的横向倾角 α_{1x} 计算如下：

$$\frac{H_A}{H_B} = \frac{x_1}{x_1+L_2} \tag{6-36}$$

$$\alpha_{1x} = \arctan\frac{H_A}{x_1} \tag{6-37}$$

式中，L_B 为轮腿支撑结构 B 的长度量（mm）；L_2 为移栽机的左右轮距（mm）；x 为引入的虚拟长度量（mm）；x_1 为引入的虚拟长度量（mm）。

因此，横向倾角变化值 $\Delta\alpha_x$ 为

$$\Delta\alpha_x = \alpha_{1x} - \alpha_x \tag{6-38}$$

将得到的 $\Delta\alpha_y$ 与 $\Delta\alpha_x$ 作为角度变化值输入至 PLC，经过算法的处理，计算出其余三组轮腿支撑结构的变化量 ΔH_B、ΔH_C、ΔH_D，调整液压缸的伸缩量，驱动轮腿调整长度，当车轮着地时，4 组压力传感器检测各支路是否为虚腿。双轴倾角传感器检测栽植平台倾斜度，并上传至控制系统，控制系统给 4 组调平执行机构发出指令，进行调平。当双轴倾角传感器检查栽植平台角度达到 0°时，调平结束。

3. PID 控制算法

PID 控制算法是一种很成熟的控制算法，其通过比例、积分、微分 3 个控制环节的配合进行控制，具有可靠性高的特点，是大多数工业应用的首选，广泛应用于机电、机械等领域。

PID 控制算法的计算式如下：

$$u(t) = k_p e(t) + k_i \int_0^t e(t)\,\mathrm{d}t + k_d \frac{\mathrm{d}e(t)}{\mathrm{d}t} \tag{6-39}$$

式中，$e(t)$ 为控制器的输入量；$u(t)$ 为控制器的输出量；k_p 为比例增益系数；k_i 为积分增益系数；k_d 为微分增益系数。

PID 控制算法的关键是对 k_p、k_i、k_d 3 个系数的确定，分析 3 个系数对控制系统的性能指标影响。

k_p：比例增益系数，作用是提高控制系统的响应速度、减小响应时间、提高调节精度。选取合适的 k_p 可以加快响应速度、提高精度，过小的 k_p 会减少响应速度、增加调节时间，过大的 k_p 将导致系统产生较大的超调量，致使系统稳定性较差。

k_i：积分增益系数，作用是消除控制系统所存在的稳态误差。过小的 k_i 会导致控制系统的调节精度低，过大的 k_i 会使控制系统产生较大的超调量。

k_d：微分增益系数，作用是改善系统的动态特性。选取合适的 k_d 可以缩短调节时间、加快系统的响应速度，过大的 k_d 会使系统出现调节时间增加的问题。

可采用试凑法确定 PID 参数。观察响应曲线，根据参数对系统的影响不断调试参数，直到出现满意的相应曲线，从而确定 PID 参数。首先系统只加入比例增益系数 k_p，从大到小调节 k_p，直到控制系统振荡衰减的比值理想，此时记录理想的比例增益系数 k_p；之后在系统中引入积分增益系数 k_i，并将理想的比例增益系数 k_p 减小 10%左右，从大到小调节 k_i，直至控制系统的静态误差降到最小，此时记录理想的积分增益系数 k_i；最后在系统中引入微分增益系数 k_d，并将理想的比例增益系数 k_p 适当增加来补偿微分环节带来的影响，直到达到最佳控制效果。

4. 模糊 PID 控制器设计

山地蔬菜钵苗移栽机的作业环境复杂，其作业环境具有地块小、坡度变化大、田间道路狭窄等特点；其作业条件多变，需考虑移栽机的速度变化、行走振动、田中泥土与作物对系统带来的影响。为使液压调平系统能较好地实现栽植平台调平的功能，保证钵苗直立度与栽植质量，要求控制系统具有较高的稳定性和抗干扰性，作业随环境与条件实时调整。

若 PID 控制算法中的 k_p、k_i、k_d 等参数固定，在面对干扰和变化时，其控制稳定性不好，会产生较大的误差，难以处理丘陵山地坡耕地复杂的作业情况，为此引入了模糊控制算法，实现参数的动态调节，提高液压调平控制系统对作业环境的适应性。

模糊控制算法具有较低的超调量、较强的鲁棒性和克服系统非线性的能力。模糊控制算法为双输入三输出的模型：其输入量为倾角偏差 e 和偏差变化率 e_c，输出量为修正参数 Δk_p、Δk_i、Δk_d。根据 PID 控制的预实验可得，输入量倾角偏差 e 和倾角偏差变化率 e_c 的物理论域取值为 $(-15, 15)$，输出量 Δk_p 的物理论域取值为 $(-5, 5)$，Δk_i 的物理论域取值为 $(-10, 10)$，Δk_d 的物理论域取值为 $(-0.1, 0.1)$。

模糊 PID 控制器的设计流程如下：

（1）进行模糊化处理 设定输入与输出各参数的模糊论域都取（-6，6），进行变量离散化处理；各参数的离散论域取 {-6，-4，-2，0，2，4，6}，以七级语言变量 {NB、NM、NS、ZO、PS、PM、PB} 定义两输入量（e、e_c）、三输出量（Δk_p、Δk_i、Δk_d）物理论域到模糊论域上的隶属关系。

（2）计算量化因子和比例因子 e 和 e_c 的量化因子为 $k(e) = k(e_c) = 6/15 = 0.4$。$\Delta k_p$、$\Delta k_i$、$\Delta k_d$ 的比例因子分别为 $k(\Delta k_p) = 5/6 = 0.833$，$k(\Delta k_i) = 10/6 = 1.667$，$k(\Delta k_d) = 0.1/6 = 0.017$。

（3）选择隶属函数 在模糊控制器中，各模糊状态常见的隶属函数有三角形、高斯型、S 型和 Z 型等，选用三角形隶属函数，其运算简单，适用于参数调整的模糊控制，如图 6-27 所示。

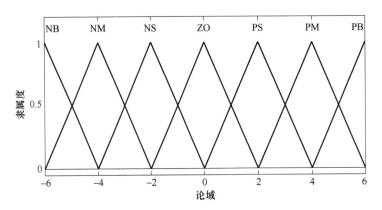

图 6-27 e、e_c、Δk_p、Δk_i、Δk_d 的隶属函数

（4）建立模糊规则 模糊 PID 控制器的三个参数 Δk_p、Δk_i、Δk_d 的调平原则如下：

当移栽机的倾角 $|e|$ 与调平目标的偏差较大时，应选取较大的 Δk_p，同时选取较小的 Δk_i、Δk_d，可以使系统迅速响应、较快减小偏差，同时抑制积分和微分环节的控制。

当移栽机的倾角 $|e|$ 与调平目标的偏差不大时，应选取较小的 Δk_p，同时选取适当的 Δk_i、Δk_d，可以防止系统超调量过大，并且可以保证响应速度。

当移栽机的倾角 $|e|$ 基本达到调平目标的要求时，应选取较大的 Δk_p、Δk_i，可以减小系统振荡，使系统具有良好的稳态。

（5）解模糊化 采用面积中心法来进行模糊控制器的解模糊化。通过解模糊化求得的 Δk_p、Δk_i、Δk_d 作为模糊量需乘以对应的比例因子后才可以对 PID 参数进行修正。

PID 的调整控制式为

$$K_p = K_{p0} + \Delta k_p \tag{6-40}$$

$$K_i = K_{i0} + \Delta k_i \tag{6-41}$$

$$K_d = K_{d0} + \Delta k_d \tag{6-42}$$

式中，K_{p0}、K_{i0}、K_{d0} 为 K_p、K_i、K_d 的初始值；Δk_p、Δk_i、Δk_d 为 PID 模糊控制器的修正值。

第 7 章

植物工厂移栽机器人

在植物工厂作业场景中，钵苗移栽是植物工厂蔬菜培育的关键环节。水培叶菜机械化移栽的关键在于突破作业质量瓶颈，减少苗-机-钵相互作用引起的钵苗损伤，保证后续生长。因此，针对当前植物工厂水培叶菜移栽装备作业效率低、移栽易损伤的问题，我们调研了蔬菜移栽机的国内外研究现状，提出了钵苗高效低损移栽的目标，并融合叶菜钵苗茎叶的物理特性，研究桁架结构下多末端执行器钵苗防损抓取及联动变距精确取投苗机理，以实现水培叶菜机械化移栽机艺融合，从而改善因苗叶损伤所造成的成活率下降与减产现象，实现效率与质量并举。为此，我们开展了机艺融合的机械手空间茎叶避让移栽作业运动规划研究，研制了水培叶菜钵苗多末端执行器移栽装置。下面将对植物工厂移栽机器人各部分功能及参数做详细介绍，旨在为读者研究相关工作提供参考。

7.1 移栽装置设计

7.1.1 末端执行器结构设计

经前文有关移栽机械手性能分析，在植物工厂水培叶菜移栽研究中，本书采用夹取式进行拾取钵苗动作，两根取苗针作为执行部件。末端执行器主要由取苗针、回位弹簧、导向套筒、推杆、连接杆等组成，回位弹簧安装在导向套筒内部。末端执行器结构如图 7-1 所示。

钵苗拾取动作主要靠取苗针施加夹持力，回位弹簧对取苗针施加的支撑力即为取苗针夹持力。弹簧的种类复杂多样，按受力性质不同，弹簧可分为拉伸弹簧、压缩弹簧、扭转弹簧和弯曲弹簧。因为需要靠弹簧压缩量来控制末端执行器的开口大小，因此选用强度高，弹性、抗疲劳和抗蠕变性好的琴钢压缩弹簧。

取苗针选取不易变形、刚度较好的钢材，由于穴盘短边孔中心距为 33.2mm，要保证整排取苗时每个末端执行器都能打开，因此末端执行器最大尺寸不能超过 33mm，穴孔直径为 24mm。为了保证取苗针的刚度，以及使取苗针尽量张开到最大以提高取苗成功率，设计取苗针厚度为 2mm。

由前文可知，叶菜钵苗的普遍株高为 $51 \sim 74mm$，为保证能夹取出钵苗且不损伤钵苗叶片，连接杆安装位置距取苗针底部的距离 $\geq 80mm$，取苗针总长度为 136mm。回位弹簧要保证末端执行器常态为夹紧状态。如图 7-2 所示，F_0 为回位弹簧提供的向上的拉力，F_0' 和 F_0'' 为

F_0分解的力，F_9和F_2为F_0''的分力。

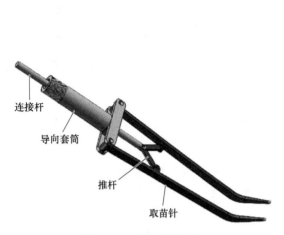

图 7-1　末端执行器结构

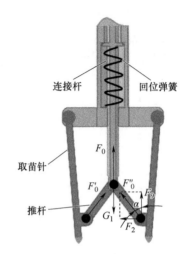

图 7-2　末端执行器的受力分析

根据受力分析列出如下公式：

$$
\begin{cases}
F_0'' = \dfrac{1}{2}F_0 \\[2mm]
F_2 = F_0''\sin\alpha \\[2mm]
F_9 = F_0''\cos\alpha \\[2mm]
F_9 = \dfrac{1}{2}G_1
\end{cases}
\tag{7-1}
$$

解得

$$
F_0 = \frac{G_1}{\cos\alpha}
\tag{7-2}
$$

若使机械手能够实现夹取动作，应满足下式：

$$
F_0 \geqslant \frac{G_1}{\cos\alpha}
\tag{7-3}
$$

要保证机械手能够夹取钵苗，且在移栽过程中保证钵苗不掉落，回位弹簧选型时应同时满足式（7-2）和式（7-3）。

机械手常态为闭合状态，此时 α 为 39°，计算得到 $F_0 = 0.086$N，安全系数取 5，即回位弹簧在常态时能够支撑 0.43N 的力量即可。

7.1.2　多末端执行器联动变距机构设计

密种稀植是指将钵苗从穴盘移栽到栽培槽的过程，目的是为了扩大钵苗的行距，使钵苗获得足够的营养、光照与空气继续生长，所以在移栽作业中需要实现从密到疏的过程。由于穴盘的短边有 12 个穴孔，单个栽培槽有 4 列，刚好对应 3 个栽培槽并列摆放，每次移栽时相邻末端执行器间间距固定，可实现整排移栽作业。为了实现移栽机械手末端执行器变距取投苗动作，设计图 7-3 所示的结构。

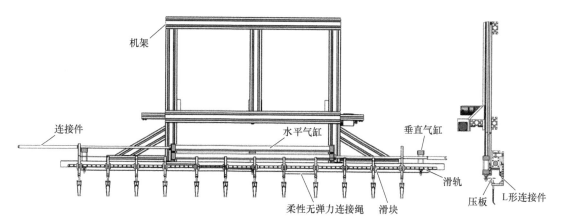

图 7-3　多末端执行器机械手结构图

多末端执行器移栽机械手由 12 个末端执行器组成。多末端执行器变距部件是移栽装备的核心部件，主要由机架、水平气缸、垂直气缸、连接件、L 形连接件、压板、滑轨滑块组和柔性无弹力连接绳组成。机架设计为悬臂梁结构，多末端执行器之间采用柔性绳连接，末端执行器通过 L 形连接件和滑块与滑轨连接，压板与垂直气缸连接，水平气缸通过连接件与两边的末端执行器连接。末端执行器常态为夹紧状态，通过垂直气缸作用使末端执行器张开以夹取和投放钵苗，通过水平气缸搭配滑块滑轨完成钵苗从穴盘移栽至栽培槽的变距，水平气缸行程由磁性开关控制，末端执行器变距距离可调。由于栽培槽槽孔间距为 195mm，两个栽培槽相邻槽孔间距为 225mm，从左往右数第 7 个末端执行器位置固定，作为等距变换的参考位置，从而计算出左气缸行程为 1200mm，右气缸行程为 1005mm。

7.1.3　输送机构设计

穴盘输送装置由输送带和穴盘定位装置组成，当传感器检测到穴盘到达指定位置时，输送带停止运动。栽培槽输送装置由输送带和栽培槽定位装置组成，当传感器检测到栽培槽到达指定位置时，输送带停止运动。激光传感器安装在指定位置（图 7-4）。为了使穴盘和栽培槽在钵苗移栽过程中稳定输送，在输送带的两端安装铝合金滑轨（俗称流利条）限位装置（图 7-5）。由于机器工作时会产生振动，所以视觉传感器独立安装在穴盘输送装置的侧边（图 7-6）。视觉传感器的位置通过标定确定，视觉传感器用来标定钵苗位置。图像获取系统的结构如图 7-7 所示。

7.1.4　移栽装置整体结构设计

根据穴盘和栽培槽尺寸、钵苗移栽方式、穴盘和栽培槽的输送方向以及移栽机械手的最大行程确定机架的尺寸，机架最大尺寸为 3600mm×3460mm×1600mm。移栽装置主要由穴盘输送装置、栽培槽输送装置、移栽机械手、移栽机械手水平移动机构、移栽机械手垂直移动机构和机架组成，移栽机械手可实现变距取投苗作业，穴盘输送装置可实现自动供苗，栽培槽输送装置可实现栽培槽自动输送。水培叶菜钵苗多末端执行器移栽装置如图 7-8 所示。

图 7-4　激光传感器安装位置

图 7-5　流利条限位装置

图 7-6　视觉传感器安装位置

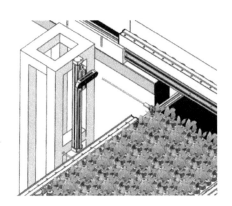

图 7-7　图像获取系统的结构

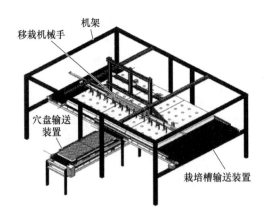

a) 结构示意图

b) 实物图

图 7-8　水培叶菜钵苗多末端执行器移栽装置

机架为焊接一体式，钢材还具有良好的韧性，对作用在结构上的动载荷适应性强，为焊接结构的安全使用提供了可靠保证。移栽机械手根据相机标定的钵苗位置进行低损避让取苗作业，移栽机械手的水平移动和垂直移动由伺服电机配合齿轮齿条组提供驱动力，机械手运动到指定点放下钵苗，即完成一次移栽工作。

7.2 移栽机械手性能试验与分析

7.2.1 取苗性能影响因素分析

为确定取苗机械手的物理参数对取苗性能的影响，需要对其取苗过程进行分析，探究各因素的影响水平。根据前文分析，采用顶-夹式取苗作业，将钵苗顶出一方面方便夹取，另一方面在一定程度上降低了钵苗叶片的损伤，但是顶出高度过高会引起基质块向不同方向倾斜的情况，根据测试得出顶出高度范围为 7~18mm。由于钵苗出苗齐整率的原因，以三叶一心苗龄进行移栽，但其中存在少许两叶或四叶的钵苗，不同钵苗状态的钵苗质量有所不同，钵苗状态为 2~4 叶。夹持力的大小直接影响取苗成功率，夹持力越大取苗成功率越高，但是夹持力过大将造成钵苗损伤。用弹簧初始压缩量来计算不同夹持力，弹簧初定型号为 $1 \times 7 \times 35 \times 8N$。通过对移栽过程的分析，选择顶出高度 d、弹簧初始压缩量 e 与钵苗状态 y 为试验因素。

7.2.2 试验评价指标

试验以移栽机械手成功将钵苗取出且不掉落，同时能成功放苗且不损伤钵苗为评价指标。移栽机械手取放苗成功率用 Q 表示，计算公式如下：

$$Q = \frac{N - N_1 - N_2 - N_3 - N_4 - N_5}{N} \times 100\% \tag{7-4}$$

式中，N 为钵苗总数；N_1 为未取出钵苗数量；N_2 为钵苗掉落数量；N_3 为放苗时未掉落钵苗数量；N_4 为钵苗叶片损伤数量；N_5 为钵苗基质损伤数量。

7.3 基于超绿算法的钵苗低损避让移栽方法研究

为实现叶菜钵苗低损移栽，通过 Intel RealSense D415 深度相机采集钵苗图像，建立叶菜钵苗数据集，应用超绿提取算法与边缘识别技术，实现整排钵苗的边缘点识别，获取边缘点像素坐标，通过对应点深度信息和矩阵变换将像素坐标转换为世界坐标，依据坐标信息对末端执行器进行避让路径规划，并通过试验验证所提出的算法模型和技术方案。

7.3.1 基于超绿算法的钵苗低损避让移栽原理

如图 7-9 所示，Intel RealSense D415 深度相机固定在相机支架上，深度相机的 RGB 摄像头光轴俯视投影与单行穴孔左边线重合，由相机支架控制深度相机移动，设定图像采集区域大小为 640×480 像素。保证深度相机视野中除钵苗外无其他黄绿色物品干扰。光源安装在栽培槽的前方，正对穴盘苗，保证穴盘苗在光源光照角度内。

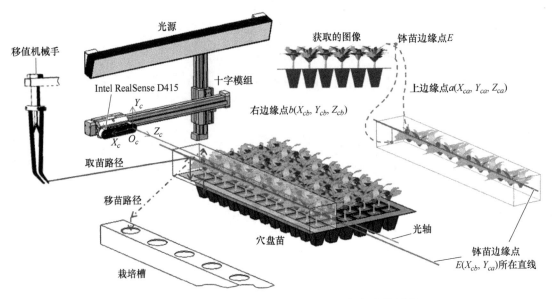

图 7-9　基于超绿算法的钵苗低损避让移栽方法原理图

首先通过 Intel RealSense D415 深度相机获取钵苗的 RGB 图像和深度信息，通过图像处理提取钵苗边缘轮廓，根据提取的边缘轮廓获取钵苗上边缘点像素坐标 $a(u_a, v_a)$ 和右边缘点像素坐标 $b(u_b, v_b)$，从深度信息中获取像素坐标点 a、b 对应的深度值，将像素坐标转换为相机坐标 $a(X_{ca}, Y_{ca}, Z_{ca})$ 和 $b(X_{cb}, Y_{cb}, Z_{cb})$，提取相机坐标 a 中 Y 轴坐标值和相机坐标 b 中 X 轴坐标值组成钵苗边缘点坐标 $E(X_{cb}, Y_{ca})$。

钵苗边缘点 E 在钵苗的最右侧，所以左侧的钵苗不影响钵苗边缘点的确定。当最右侧钵苗行被移栽后，穴盘钵苗的边缘点 E 发生变化，所以每移栽完一列都需要重新识别边缘点 E。钵苗极值点 E 对应到三维空间则为一条平行于光轴的直线，在整列钵苗移栽过程中，机械手先移动至点 E 所在直线，再以 L 形路径移动至取苗作业点，设计 L 形路径的目的就是为了使机械手避开钵苗叶片实现低损避让取苗。

7.3.2　Intel RealSense D415 深度相机位置标定

为精确稳定获取钵苗边缘点信息，需固定深度相机位置，以稳定采集钵苗图像。Intel RealSense D415 深度相机固定在十字模组上，十字模组可以调节深度相机的相对位置，相机初始位置高度为相机主点距离水平面 100mm，通过 USB3.0 端口与笔记本计算机连接。通过 Intel RealSense SDK2.0 获取其内参。

为使 RGB 摄像头光轴俯视投影与单列穴盘右边线重合，用丁字尺和水平尺为辅助工具，将丁字尺短边内侧边线与深度相机平面保持在同一垂直平面，长边与深度相机光轴俯视投影线重合，将水平尺侧边靠在丁字尺上，如图 7-10 所示。通过笔记本计算机获取图像，在 RGB 图像的主点位置（317.036，240.819）绘制水平线和垂直线。因为深度相机距离水平面高度是 100mm，所以光轴距离水平面的距离为 100mm，在 RGB 图像中表现为通过主点的水平线与水平尺 100mm 刻度线重合，通过主点的垂直线与水平尺右侧边线重合。通过微调使水平尺上 100mm 刻度与水平线重合，水平尺右侧边线与垂直线重合。无论水平尺与相机距离是多少，在 RGB 图像中的表现都应是水平尺上 100mm 刻度与水平线重合，水平尺右侧边线与垂直线重合。通过移动水平尺的位置来改变与相机的距离，重复三次以上操作后，沿着丁字尺画出直线并标出刻度，作为放置穴盘钵苗的参考线，放置穴盘钵苗时使穴盘最右边缘线与参考线重合。

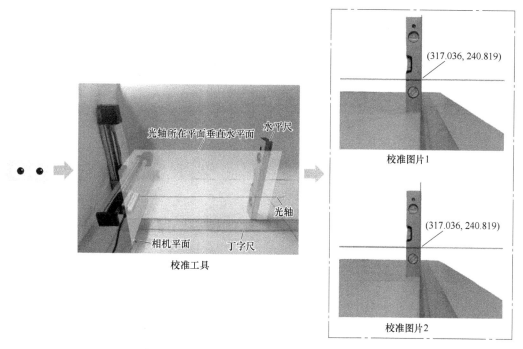

图 7-10　Intel RealSense D415 深度相机校准

7.3.3　钵苗边缘点识别算法

钵苗边缘点识别算法流程如图 7-11 所示。通过 USB3.0 端口将 Intel RealSense D415 深度相机与笔记本计算机连接，通过 Python 获取深度相机数据流，首先将深度帧与 RGB 色彩帧对齐，然后去除背景和干扰。分别获取钵苗的深度图像和 RGB 图像，然后将需识别的钵苗列设置为感兴趣区域，通过超绿化和图像二值化处理获得钵苗的边缘轮廓，经连通域分析获得钵苗边缘点像素坐标，经计算将像素坐标转换为世界坐标。

1. 图像预处理

（1）深度帧对齐 RGB 色彩帧　由于 RGB 图像数据的原点是 RGB 摄像头，深度图像数据的原点是红外摄像头，所以通过像素点获取的深度信息会有相应的误差。如图 7-12 所示，将深度图像的每个像素点"发射"到三维空间，然后三维空间的点再投影到 RGB 图像上，对齐的数据是结合颜色/红外数据从深度数据生成的，因此没有深度数据覆盖的区域会在生成的图像中产生"孔"，将这些"孔"的区域设置为灰色。此时获得的深度图像数据为对齐 RGB 图像后的数据，通过像素点获取的深度信息即为正确值。采集图像前将深度图像设置为对齐 RGB 图像，之后使用的相机内参为 RGB 摄像头内参。本次识别对象是整列钵苗，由于相机直接获取的图像包含无限远的事物，遍历 RGB 图像每个像素点对应的深度值，将 2m

以外的像素点设置为灰色来去除远景干扰。

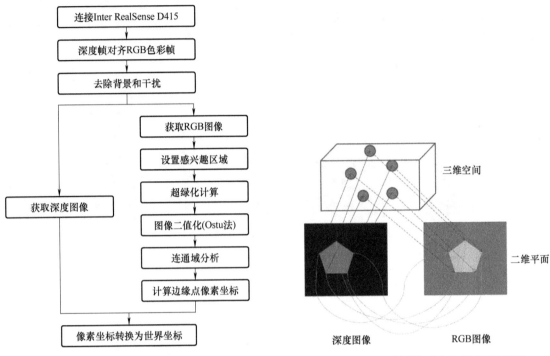

图 7-11　钵苗边缘点识别算法流程　　　　图 7-12　深度图像对齐 RGB 图像原理

（2）去除背景算法　考虑到实际使用场景可能在复杂背景环境下运作，因此通过去除背景的方法来提取钵苗。这里采用色彩提取法来去除背景。HSV 是一种比较直观的颜色模型，这个模型中颜色的参数分别是色调（Hue，H）、饱和度（Saturation，S）和明度（Value，V）。将 RGB 值带入式（7-5）~式（7-13）可计算出对应的 HSV 值，从而得到 HSV 色彩空间表。

$$R' = R/255 \tag{7-5}$$

$$G' = G/255 \tag{7-6}$$

$$B' = B/255 \tag{7-7}$$

$$C_{\max} = \max(R', G', B') \tag{7-8}$$

$$C_{\min} = \min(R', G', B') \tag{7-9}$$

$$\Delta = C_{\max} - C_{\min} \tag{7-10}$$

$$H = \begin{cases} 0°, \Delta = 0 \\ 60° \times \left(\dfrac{G'-B'}{\Delta} + 0 \right), C_{\max} = R' \\ 60° \times \left(\dfrac{B'-R'}{\Delta} + 2 \right), C_{\max} = G' \\ 60° \times \left(\dfrac{R'-G'}{\Delta} + 4 \right), C_{\max} = B' \end{cases} \tag{7-11}$$

$$S = \begin{cases} 0, C_{\max} = 0 \\ \dfrac{\Delta}{C_{\max}}, C_{\max} \neq 0 \end{cases} \tag{7-12}$$

$$V = C_{\max} \tag{7-13}$$

如图 7-13 所示，首先将原始图像转换为 HSV 图像。因为背景主要为白色和灰色，为尽可能多地保留钵苗信息，所以选取橙、黄、绿、青、蓝色的范围为色彩提取阈值，单独选取黑色的范围作为基质提取阈值。将两张二值图像求和得到掩膜图像，掩膜图像与原始图像求和得到背景为黑色的图像。将掩膜中的黑色像素转换为白色像素，并将白色像素转换为透明像素，然后与黑色背景的图像求和得到钵苗图像。

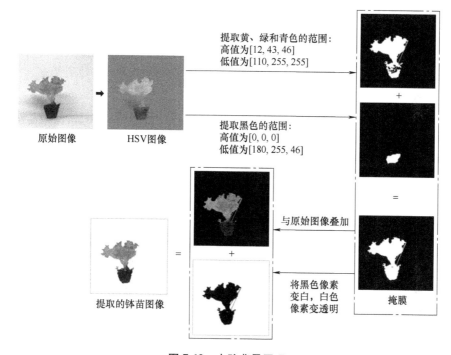

图 7-13　去除背景原理

注：灰色边线是展示图像大小，真实图像为纯白色。

2. 提取钵苗边缘点信息

通过相机采集的钵苗原始图像、深度图像分别如图 7-14 和图 7-15 所示，原始图像大小为 640×480 像素。由于穴盘钵苗边缘识别以整列钵苗作为识别对象，所以先对原始 RGB 彩色图像中需要识别的列设置为感兴趣区域，根据 RGB 相机主点推算，感兴趣区域为像素坐标（280，220）至像素坐标（370，350）的正矩形（图 7-16）。整个过程图像保持 640×480 像素，以保证像素点与深度信息相对应。后续图片为放大图，便于观看。

图 7-14　钵苗原始图像

图 7-15 钵苗深度图像

图 7-16 钵苗感兴趣区域图像

有两种算法可以用于提取钵苗轮廓：一种是 HSV 图像处理算法，通过设置颜色阈值来提取目标图像，需将 RGB 图像转换为 HSV 图像，然后遍历每个像素点，通过判断像素点是否在阈值范围内来提取目标图像；另一种是超绿算法提取绿色植物图像，通过将原始图像分离成 3 个独立的基色平面，然后选择不同的颜色特征组合对图像中的每个像素进行变换，增强图像中目标对象与背景的对比度来提取目标图像。

在室内采集 30 行钵苗图像，用两种方法对钵苗图像进行处理，在程序中添加计时器来测量运行时间，结果见表 7-1。与 HSV 图像处理算法相比，超绿算法效果较好，植物图像更为突出，能够更好地自动调整阈值提取图像的绿色区域。通过比较两种算法的运行时间和占用内存，超绿算法优于前者，因此选用超绿算法进行钵苗图像处理。

表 7-1　图像处理操作时间

项目	HSV 图像处理算法/s	超绿算法/s
平均时间	1.014	0.827
最大时间	1.152	0.891
最小时间	0.980	0.714

图 7-17a 所示的 RGB 图像经过式（7-14）进行超绿化计算后的图像如图 7-17b 所示。

$$ExG = 2G - R - B \tag{7-14}$$

为将植物和背景分割需先确定一个阈值，然后将每个像素点的灰度值和阈值相比较，根据比较的结果将该像素划分为植物或者背景。最大类间方差法（Ostu 法）不需要人为设定其他参数，是一种自动选择阈值的方法，其计算过程简单、稳定。

设超绿化图像的宽和高为 w 和 h，灰度级为 L，图像包含的像素总数为

$$N = wh \tag{7-15}$$

根据图像像素总数 N 和灰度范围 $[0, L-1]$ 求出每个灰度级的概率：

$$P_i = \frac{n_i}{N}, i = 0, 1, \cdots, L-1 \tag{7-16}$$

式中，n_i 表示灰度级 i 的像素个数。

设阈值 T 将图像分为目标 K_1 和背景 K_2 两类，K_1 为 $[0, T]$ 之间的像素组成，K_2 为 $[T, L-1]$ 的像素组成；设 N_1 为 K_1 的像素个数，N_2 为 K_2 的像素个数；设 w_1、w_2 分别为

目标 K_1 和背景 K_2 的像素个数占像素总数的比例，则

$$w_1 = \frac{N_1}{N} \tag{7-17}$$

$$w_2 = \frac{N_2}{N} \tag{7-18}$$

$$w_1 + w_2 = 1 \tag{7-19}$$

设超绿化图像的均值为 u，目标 K_1 的均值为 u_1，背景 K_2 的均值为 u_2，则有

$$u = \frac{\sum_{i=0}^{L-1} i n_i}{N} = \sum_{i=0}^{L-1} i P_i \tag{7-20}$$

$$u_1 = \frac{\sum_{i=0}^{T} i n_i}{N_1} = \frac{\sum_{i=0}^{T} i P_i}{w_1} \tag{7-21}$$

$$P_i = \frac{n_i}{N}, i = 0, 1, \cdots, L-1 \tag{7-22}$$

由上述公式可以得到

$$u = w_1 u_1 + w_2 u_2 \tag{7-23}$$

设 δ^2 为类间方差，则有

$$\delta^2 = w_1 (u_1 - u)^2 + w_2 (u_2 - u)^2 = w_1 w_2 (u_1 - u_2)^2 \tag{7-24}$$

通过遍历图像找到最佳阈值 T，使得类间方差 δ^2 最大。像素值小于阈值 T 的像素设置为 0（黑），否则为 1（白），即得到二值图像，如图 7-17c 所示。

然后对钵苗边缘轮廓进行连通域分析。为避免存在多个连通域，采用相邻连通域间连线法，使二值图像中只存在一个连通域。遍历连通域所有像素点，获得上、右的极值像素点坐标，记为 $a(u_a, v_a)$ 和 $b(u_b, v_b)$，则可求得钵苗边缘点 E 的坐标为 (u_b, v_a)，如图 7-17d 所示。此时为像素坐标，不能直接使用。

　　a) RGB图像　　　　　　b) 超绿化图像　　　　　　c) 二值图像　　　　　　d) 边缘点图像

图 7-17　图像处理过程

3. 钵苗边缘点坐标转换

当前 $a(u_a, v_a)$ 和 $b(u_b, v_b)$ 为像素坐标，像素坐标是像素在图像中的位置，要在移栽装置上应用该坐标点，需转换为该装置控制系统设置的世界坐标才可使用。各坐标间转换关系如

图 7-18 所示。联立式（7-25）、式（7-26）、式（7-27）可得到相机坐标 $A(X_{ca}, Y_{ca}, Z_{ca})$、$B(X_{cb}, Y_{cb}, Z_{cb})$。相机坐标通过旋转和平移转换为世界坐标，见式（7-28）。

$$\begin{bmatrix} u \\ v \\ 1 \end{bmatrix} = \begin{bmatrix} \dfrac{1}{dx} & 0 & c_x \\ 0 & \dfrac{1}{dy} & c_y \\ 0 & 0 & 1 \end{bmatrix} \begin{bmatrix} x \\ y \\ 1 \end{bmatrix} \tag{7-25}$$

$$Z_c \begin{bmatrix} x \\ y \\ 1 \end{bmatrix} = \begin{bmatrix} f & 0 & 0 & 0 \\ 0 & f & 0 & 0 \\ 0 & 0 & 1 & 0 \end{bmatrix} \begin{bmatrix} X_c \\ Y_c \\ Z_c \\ 1 \end{bmatrix} \tag{7-26}$$

$$Z_c = depth \tag{7-27}$$

$$\begin{bmatrix} X_c \\ Y_c \\ Z_c \end{bmatrix} = R \begin{bmatrix} X_w \\ Y_w \\ Z_w \end{bmatrix} + T \tag{7-28}$$

式中，f 为 RGB 摄像头的焦距；(X_c, Y_c, Z_c) 为相机坐标系内的坐标；$depth$ 为像素点对应的深度值，从深度图中获取；(X_w, Y_w, Z_w) 为世界坐标系内的坐标；R 为旋转矩阵；T 为平移矩阵。

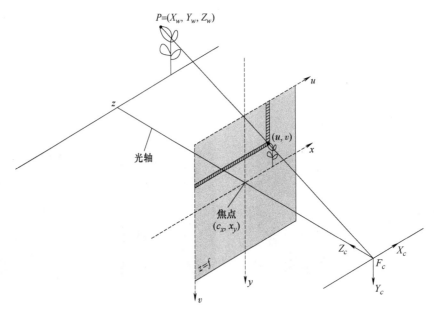

图 7-18 各坐标间转换关系

R 和 T 需要从标定试验获得，本次研究中需要人工测量数据，所以将相机坐标定为世界坐标，方便测量与对比，因此 R 和 T 均为 1。

将机械手的初始坐标 (X_S, Y_S, Z_S) 转换为上述世界坐标中的坐标。

$$R_1 = R_X(\alpha)R_Y(\beta)R_Z(\theta) = \begin{bmatrix} 1 & 0 & 0 \\ 0 & \cos\alpha & \sin\alpha \\ 0 & -\sin\alpha & \cos\alpha \end{bmatrix} \begin{bmatrix} \cos\beta & 0 & -\sin\beta \\ 0 & 1 & 0 \\ \sin\beta & 0 & \cos\beta \end{bmatrix} \begin{bmatrix} \cos\theta & \sin\theta & 0 \\ -\sin\theta & \cos\theta & 0 \\ 0 & 0 & 1 \end{bmatrix}$$

$$= \begin{bmatrix} \cos\beta\cos\theta & \cos\beta\sin\theta & -\sin\beta \\ -\cos\alpha\sin\theta+\sin\alpha\sin\beta\cos\theta & \cos\alpha\cos\theta+\sin\alpha\sin\beta\sin\theta & \sin\alpha\cos\beta \\ \sin\alpha\sin\theta+\cos\alpha\sin\beta\cos\theta & -\sin\alpha\cos\theta+\cos\alpha\sin\beta\sin\theta & \cos\alpha\cos\beta \end{bmatrix} \quad (7\text{-}29)$$

式中，α 为旋转矩阵绕 X 轴的角度；β 为旋转矩阵绕 Y 轴的角度；θ 为旋转矩阵绕 Z 轴的角度。

$$\begin{bmatrix} X_c \\ Y_c \\ Z_c \end{bmatrix} = R_1 \begin{bmatrix} X_S \\ Y_S \\ Z_S \end{bmatrix} + \begin{bmatrix} \Delta X \\ \Delta Y \\ \Delta Z \end{bmatrix} \quad (7\text{-}30)$$

相机坐标 Y_c 轴正轴向下，为方便数据读取，将 Y_c 轴数据添负号，使 Y_c 轴正向与钵苗生长方向一致。此时 $OXYZ$ 为世界坐标系。提取 A 坐标中 Y 轴坐标值和 B 坐标中 X 轴坐标值组合成新的 X、Y 平面坐标点 E，即钵苗边缘点 E（X_b，Y_a）。

$$\begin{bmatrix} X \\ Y \\ Z \end{bmatrix} = \begin{bmatrix} X_c \\ -Y_c \\ Z_c \end{bmatrix} \quad (7\text{-}31)$$

7.3.4　钵苗边缘点标定试验

为了获取钵苗边缘点，以钵苗边缘点指导取苗作业路径规划，实现钵苗避让取苗作业，构建了钵苗边缘点识别系统，如图 7-19 所示。该系统主要由计算机、控制器、Intel RealSense D415 深度相机、光源控制器、光源组成。深度相机设置于钵苗侧面，当视觉系统接收到控制器信号后，深度相机对钵苗侧边图像进行采集，采集的图像传输至计算机进行识别，并输出边缘点坐标信息，移栽机械手根据钵苗边缘点坐标进行避让取苗作业。

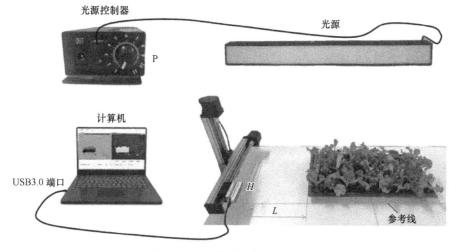

图 7-19　钵苗边缘点识别系统

本次研究选取生菜钵苗作为试验对象。使用72孔（6×12）PVC穴盘培育，穴盘外形尺寸为280mm×540mm，生菜穴盘苗苗龄为播种后16天。试验在室内水平试验台上且在白天进行，穴盘右边缘线与前文所述参考线重合。

根据末端执行器行程范围和输送带长度，深度相机与穴盘远端距离设计在2m以内。因此设置深度相机的深度图像精度为2m，相机参数Alpha值为0.1275。根据Intel RealSense D415用户手册得知该摄像头聚焦在500mm至无限远。相机平面到穴盘窄边的距离为L，距离L的水平为600mm、700mm、800mm、900mm。与穴盘距离L通过移动穴盘的位置来调节。

把钵苗比作排队的学生，相机比作老师，老师身高比较矮时，站在队列前面能看到侧边站偏了的同学，不一定能看到最高的同学，如果老师站在离第一个学生比较远的位置，就能看到最高的同学，老师身高高一些，离学生的距离就近一些。因为距离有限，所以逐一测量钵苗单株株高，测得生菜钵苗平均株高为105mm，最低株高为74mm，最高株高为144mm。考虑到不同批次钵苗的高度可能不统一，所以以钵苗的平均高度AH作为参考值，深度相机高度H的水平为85.7%AH、AH、114.3%AH、128.6%AH。所以，深度相机高度H的水平为90mm、105mm、120mm、135mm。深度相机高度H由十字模组调节。

光照不足和曝光过度都会影响RGB图像质量。试验在室内进行，将光源放置在试验台上，光强计置于离光源700mm的位置，正对光源。光源亮度由光源控制器调节，一共有11个刻度，代表11级不同程度的照度，测试得到室内照度为110lx，6级照度为138lx，7级照度为485lx，8级照度为957lx，9级照度为1607lx，10级照度为2251lx，11级照度为2536lx。6级照度与室内照度差别不大，11级照度光照太强，会导致采集的图像过亮而发白，因此将照度的水平设为7级、8级、9级、10级。照度由光源控制器调节。穴盘钵苗边缘检测正交试验因素与水平见表7-2。

表7-2 穴盘钵苗边缘检测正交试验因素与水平

水平	因素		
	距离L/mm	高度H/mm	照度P/级
1	600	90	7
2	700	105	8
3	800	120	9
4	900	135	10

7.3.5 钵苗边缘点标定验证

为验证穴盘钵苗边缘点的标定精确度，采用较优水平组合距离$L = 600$mm、高度$H = 135$mm、照度为7级进行钵苗边缘点标定准确度试验。使用本书方法标定穴盘每列钵苗，记录每次获取极值点的世界坐标，使用游标卡尺、直尺和三角尺等工具测量极值点的实际坐标，对比两组数据，获取其偏差比值。共计进行60次标定试验，每12次试验为一组，记录每组标定成功次数、数据偏差的算术平均值，试验数据见表7-3。

分析表7-3的试验数据，得平均标定成功率为100%，X坐标平均偏差在2mm以内，平均偏差比值为 3.34%，Y 坐标平均偏差在 2mm 以内，平均偏差比值为 1.11%。根据试验结果可得该系统在标定钵苗边缘点过程中成功率为 100%，平均偏差在 2mm 以内。

表 7-3　钵苗边缘点标定试验数据

组号	标定成功率（%）	X 坐标平均偏差/mm	X 坐标平均偏差比（%）	Y 坐标平均偏差/mm	Y 坐标平均偏差比（%）
1	100	1.23	3.66	1.27	1.02
2	100	1.51	3.87	1.77	1.37
3	100	0.88	2.31	1.39	1.12
4	100	1.49	3.82	0.94	0.75
5	100	1.16	3.0	1.65	1.30
平均值	100	1.25	3.34	1.40	1.11

7.4　移栽装置控制系统设计与分析

根据自动化钵苗移栽装置高效低损的设计要求，将移栽装置整机分为移栽模块、穴盘输送模块和栽培槽输送模块 3 个子功能模块。其中，移栽模块是关键环节，穴盘输送模块和栽培槽输送模块是辅助环节。通过移栽模块、穴盘输送模块和栽培槽输送模块相结合，辅以电控系统，实现水培叶菜钵苗的自动移栽作业。

7.4.1　整机功能与作业动作分析

1. 功能分析

（1）钵苗稀植功能　通过末端执行器在标准的 240 孔穴盘中完成对钵苗的夹取动作，并使移栽机械手移动到栽培槽上方完成投苗作业。穴孔间距为 33.2mm，一排共 12 株钵苗，非常密集；栽培槽孔间距为 195mm，一排 4 孔。移栽以整排作业，一排钵苗 12 株正好对应 3 个 4 列的栽培槽。取苗时，多末端执行器需聚拢，完成取苗作业后需等距扩散对应栽培槽孔间距，然后完成投苗动作。钵苗稀植示意图如图 7-20 所示。

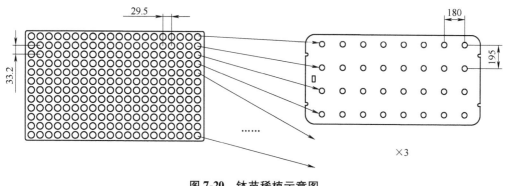

图 7-20　钵苗稀植示意图

（2）穴盘进给定位功能　完成与穴盘输送装置的对接工作，将穴盘按照指定方向摆放，实现穴盘在移栽机中的精准定位与单排步进动作。为保证穴盘稳定输送，需增加限位和导向流利条，以辅助穴盘输送。完成整盘钵穴移栽后，将空穴盘输送出去。新穴盘向前移动，到达指定位置后停止，等待移栽，进行下一轮移栽作业。

（3）栽培槽进给定位功能　完成与栽培槽输送装置的对接工作，将 3 个栽培槽并列排列在移栽机上，完成栽培槽的定位和进给作业，当移栽排数为 8 的倍数时，表示栽培槽已移栽满，需将栽培槽输送出去。新的栽培槽同时也在向前移动，到达指定位置后停止，等待移栽，进行下一轮移栽作业。

2. 作业动作分析

如图 7-21 所示，图中粗箭头为穴盘和栽培槽的移动方向，当穴盘与栽培槽到位后，对移栽作业进行动作分解。

动作①：Intel RealSense D415 相机采集钵苗侧边图像，系统对图像进行处理并输出钵苗边缘点世界坐标信息。

动作②：通过水平气缸作用使多末端执行器聚拢，并通过垂直气缸作用打开取苗针。

动作③：末端执行器获取到钵苗边缘点世界坐标信息后，移动到钵苗边缘点，以 L 形路径移动至钵苗处，通过垂直气缸作用使取苗针闭合，完成取苗作业。

动作④：末端执行器移动至栽培槽上方。

动作⑤：通过水平气缸作用使末端执行器等距扩散开。

动作⑥：通过垂直气缸作用打开取苗针，完成投苗作业。

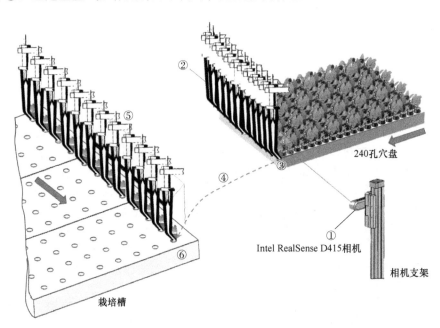

图 7-21　动作分解图

7.4.2 移栽装置工作流程分析

首先打开电源开关，系统指示灯亮起，则该装置处于开机状态。将穴盘和栽培槽放在指定位置后，打开急停按钮，选择手动模式。由于经过多次定位后，累积的误差会越来越大，机械本身因存在间隙也会产生误差，为了消除误差，每次启动都需要进行回原点操作。将当前大输送带（栽培槽输送带）运行行数和当前小输送带（穴盘输送带）运行行数置为 0，切换到自动模式，点击循环启动按钮，该装置开始自动运作。

等待穴盘工作位置传感器到位信号，穴盘到位后，Intel RealSense D415 深度相机采集钵苗侧边图像，经超绿算法分析处理后输出钵苗边缘点坐标，同时移栽机械手运动到待取苗坐标点，垂直气缸下压打开末端执行器。当系统接收到钵苗边缘点坐标后，机械手运动至钵苗边缘点，以 L 形路径运动至取苗坐标点，垂直气缸回缩，末端执行器闭合，实现钵苗夹取动作。机械手向上运动以后，穴盘向前输送 29.5mm，随后以设定路径运动至栽培槽放苗坐标点，与此同时，水平气缸打开，实现末端执行器等距变换，而后垂直气缸下压，使末端执行器打开，实现投放钵苗。垂直气缸回缩，末端执行器闭合，水平气缸回缩使机械手聚拢，同时机械手运动至待取苗坐标点进行下一次循环作业。循环次数为 8 的倍数时，表示栽培槽已移栽满，栽培槽输送带电机启动，更换栽培槽。循环次数为 20 的倍数时，表示穴盘已移栽完，穴盘输送带电机启动，更换穴盘。

7.4.3 控制系统硬件设计

经过上述分析，对整机控制系统硬件进行设计。该研究设计的移栽机控制系统主要由各种传感器、GUS-400-TG04-HD 运动控制器、两位五通电磁阀、三位五通电磁阀、伺服驱动器、步进驱动器等组成。上位机与下位机采用网口通信，通过 TCP/IP 协议进行通信和数据的交换。深度相机通过 USB3.0 接口与上位机连接。驱动装置由伺服驱动器和伺服电机组成，通过齿轮齿条组实现末端执行器的 Z 轴和 Y 轴移动，通过输送带实现穴盘和栽培槽的输送，通过水平气缸运动实现末端执行器的聚散动作，通过垂直气缸运动实现末端执行器的夹取动作。移栽装备控制系统的硬件结构如图 7-22 所示。

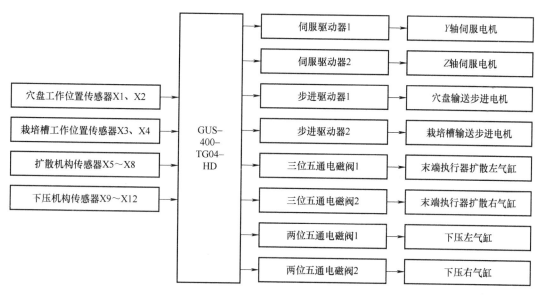

图 7-22 移栽装备控制系统的硬件结构

7.4.4 控制系统电路搭建

该装置选用 GUS-400-TG04-HD 运动控制器，该控制器集成了工业计算机和运动控制器，采用英特尔 x86 架构的 CPU（中央处理器）和芯片组为系统处理器，支持 DSP（数字信号处理器）高速运动规划，支持 FPGA（现场可编程门阵列）精确锁存脉冲计数，多轴同步控制，提供计算机常见接口及运动控制专用接口，在实现高性能多轴协调运动控制和高速点位运动控制的同时，具备普通个人计算机的基本功能。运动控制器根据传感器的信号变化发出相应的时序动作信号，驱动对应的执行器控制单元，完成设定动作。根据上述分析，为了实现钵苗移栽预期动作，运动控制器输入端连接 12 个传感器，其中 4 个是红外传感器，8 个是与气缸对应的磁性开关。

为实现自动化循环作业，需进行控制策略分析，并通过控制策略设计电控系统。移栽装置控制策略如图 7-23 所示。

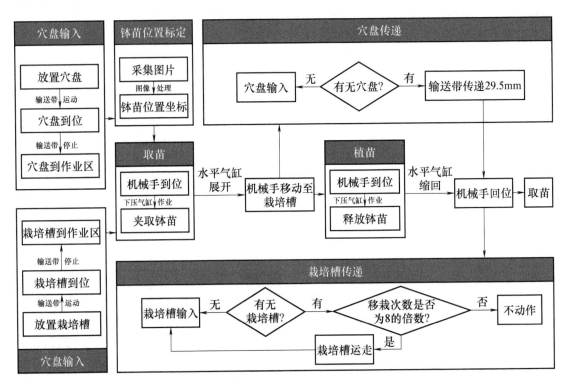

图 7-23 移栽装置控制策略

根据上述分析，对移栽装置电气系统进行设计论证及相关元件选型计算，构建了水培叶菜钵苗多末端执行器移栽装置系统。水培叶菜钵苗多末端执行器移栽装置电控箱实物如图 7-24 所示。

用户界面是系统和用户之间进行交互和信息交换的媒介，用于实现信息的内部形式与人类可以接受形式之间的转换。用户界面是介于用户与硬件之间而设计来用于彼此之间交互沟通的相关软件，目的在于使得用户能够方便有效率地去操作硬件以达成双向交互，完成希望借助硬件完成的工作。

图 7-24 电控箱实物

7.5 移栽装置整机性能试验与分析

为验证水培叶菜钵苗多末端执行器移栽装置的工作性能，按照前置试验获取的钵苗边缘标定参数设置相机位置，调整末端执行器结构参数，选择意大利生菜钵苗作为试验对象。对因素水平和评估指标进行分析，设计正交试验，并对试验结果进行分析，优化移栽装置整机性能参数。

7.5.1 试验参数选择

根据 2016 年河北省质量技术监督局发布的《生菜基质栽培技术规程》（DB13/T 2407—2016），适龄苗的叶片数量为三叶一心，基质完整，根系健壮。因此本书将钵苗损伤定义为在钵苗的移栽过程中，出现叶片折断、穿刺或钵苗的基质丢失，导致钵苗叶片和基质不符合适龄苗定义。本书将移栽成功率 P 定义为无损伤成功移栽钵苗数量与移栽钵苗总数量的比值，移栽效率 S 定义为移栽作业时间与移栽钵苗总数量的比值。

$$P = \frac{N - N_1 - N_2}{N} \tag{7-32}$$

$$S = \frac{T}{N} \tag{7-33}$$

式中，T 为移栽作业时间；N 为移栽钵苗总数量；N_1 为移栽过程中钵苗损伤数量；N_2 为作业过程中钵苗掉落数量。

在钵苗状态、移栽机械手结构、钵苗顶出高度等条件相同的情况下，影响水培叶菜钵苗多末端执行器移栽装备移栽成功率的主要因素为机械手水平移动平均速度v_1、机械手垂直移动平均速度v_2、水平气缸平均伸出速度v_3。因此，设计三因素三水平正交试验，对水培叶菜钵苗多末端执行器移栽装备的移栽性能进行分析。

钵苗在水平和垂直方向移动时，模组作为驱动部件，垂直模组向上运动带动夹取的钵苗与穴盘分离，水平模组带动机械手移动至栽培槽上方，同时水平气缸伸出带动末端执行器变距，最后垂直模组向下移动将钵苗放入栽培槽中。以上作业过程均为变加速变减速的运动过程，加速运动使末端执行器取苗针与基质块间产生振动冲击，易导致钵苗掉落。经初步测试发现，水平运动速度v_1小于0.2m/s时，最短行程耗时大于3s；v_1大于0.7m/s时，移栽成功率小于70%。经综合考虑，水平速度v_1的3个水平为0.42m/s、0.5m/s、0.59m/s。同理，确定v_2的3个水平为0.48m/s、0.55m/s、0.62m/s，v_3的3个水平为0.45m/s、0.52m/s、0.6m/s。

7.5.2 整机移栽试验

将移栽机械手取放苗作业过程中的速度设置为$v_1=0.5$m/s、$v_2=0.48$m/s、$v_3=0.52$m/s，将移栽机械手空运行时的速度设置为$v_1=0.7$m/s、$v_2=0.7$m/s、$v_3=0.52$m/s。进行5组移栽试验，一组8次移栽作业，每次12只末端执行器进行钵苗移栽作业，移栽试验如图7-25所示。

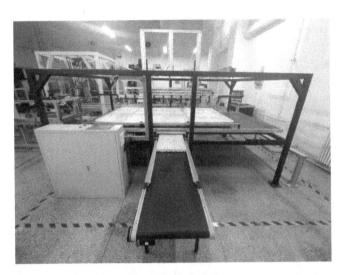

图7-25 移栽试验

在移栽开始前，先检查钵苗是否存在茎叶折断的情况，如有则替换成正常钵苗。完成检查后，移栽装置进行回零操作，从零点出发开始，完成钵苗边缘点标定、取投苗动作，并返回待取苗坐标点，视为一次试验。由于栽培槽共8行，故以8次移栽为一组试验，记录每组移栽过程中移栽钵苗总数量N、钵苗损伤数量N_1、作业过程中钵苗掉落数量N_2和作业时间T，计算移栽成功率P和移栽效率S。

分析试验数据可得，5组试验共损伤2株钵苗，损伤率较低，钵苗损伤率与钵苗状态有关。该试验使用 240 孔穴盘，穴孔间距小，使得钵苗自身向上生长，散叶情况不明显，并且路径规划时已考虑钵苗叶片易损问题，因此对钵苗移栽成功率影响不大。

移栽失败的主要原因是移栽作业过程中钵苗掉落。如图 7-26b 所示，由于钵苗基质上表面齐整度不一，有的基质略低一些，导致末端执行器夹取钵苗时夹取的位置靠基质上表面。如图 7-26c 所示，基质上部分内侧为凹状，导致末端执行器夹取钵苗时基质形变大。在机械手移动过程中，由于末端执行器装配间隙大，机械产生振动时影响取苗针的稳定性，在取苗作业过程中，若夹取位置偏高、基质形变大，易导致钵苗掉落。

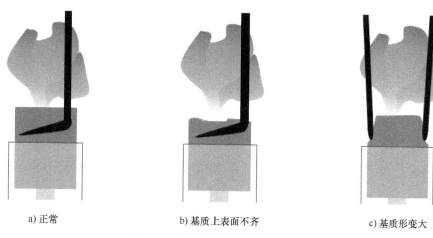

a) 正常   b) 基质上表面不齐   c) 基质形变大

图 7-26　末端执行器夹取状态示意图

根据试验结果知，移栽机械手在取放苗作业过程中水平移动平均速度 $v_1 = 0.5\text{m/s}$，机械手垂直移动平均速度 $v_2 = 0.48\text{m/s}$，水平气缸平均伸出速度 $v_3 = 0.52\text{m/s}$；在移栽机械手完成放苗作业后，空运行回到取苗坐标点期间，取 $v_1 = 0.7\text{m/s}$、$v_2 = 0.7\text{m/s}$、$v_3 = 0.52\text{m/s}$ 时，试验的平均移栽效率约为 0.59s/株，平均移栽成功率约为 96.04%。

参考文献

［1］张漫，李寒，叶大鹏. 农业机器人导论［M］. 北京：中国农业大学出版社，2023.

［2］蔡自兴，谢斌. 机器人学［M］. 北京：清华大学出版社，2022.

［3］崔志超，陈永生，管春松，等. 基质块苗蔬菜移栽机试验研究［J］. 农机化研究，2019，41（10）：158-161，168.

［4］李华，马晓晓，曹卫彬，等. 夹茎式番茄钵苗取苗机构设计与试验［J］. 农业工程学报，2020，36（21）：39-48.

［5］魏志强，宋磊，阳尚宏，等. 穴盘苗夹茎式取投苗机构优化设计与试验［J］. 西南大学学报（自然科学版），2022，44（4）：88-99.

［6］马晓晓，李华，曹卫彬，等. 番茄钵苗移栽机自动取苗装置作业参数优化与试验［J］. 农业工程学报，2020，36（10）：46-55.

［7］袁挺，王栋，文永双，等. 蔬菜移栽机气吹振动复合式取苗机构设计与试验［J］. 农业机械学报，2019，50（10）：80-87.

［8］YANG Q Z，HUANG G L，SHI X Y，et al. Design of a control system for a mini-automatic transplanting machine of plug seedling［J］. Computers and Electronics in Agriculture，2020，169：105226.

［9］DAVIES E R. 计算机与机器视觉：理论、算法与实践 英文版 原书第4版［M］. 北京：机械工业出版社，2013.